军界瞭望系列丛书 之三

现代经典兵器

上海市国防教育协会　主编

上海远东出版社

图书在版编目（CIP）数据

现代经典兵器/上海市国防教育协会主编.-- 上海：
上海远东出版社，2023
ISBN 978-7-5476-1681-9

Ⅰ.①现… Ⅱ.①上… Ⅲ.①武器－世界－通俗读物
Ⅳ.①E92-49

中国国家版本馆CIP数据核字（2023）第037048号

责任编辑 曹 建 陈 娟
封面设计 叶青峰

现代经典兵器
上海市国防教育协会 主编
严建平 张黎明 策划
钱 卫 吴 健 选编

出 版 上海远东出版社
（201101 上海市闵行区号景路159弄C座）
发 行 上海人民出版社发行中心
印 刷 上海信老印刷厂
开 本 710×1000 1/16
印 张 19.5
字 数 319,000
版 次 2023年3月第1版
印 次 2025年1月第2次印刷
ISBN 978-7-5476-1681-9/E·15
定 价 78.00元

目录

步兵武器

导弹鱼雷

火炮

坦克战车

航空航天

无人机

防空反导

军舰

步兵武器

南非 MGL 转膛榴弹枪

近战“步兵炮”：南非 MGL 转膛榴弹枪

文 | 安然

二战之后，“打近战，拼火力”已成为各国步兵作战的不二法门。因此，研制适合狭窄近战环境使用的大威力单兵武器就显得极为重要。由南非米尔科公司研制的 MGL 转膛榴弹枪就是一种适合步兵近战使用的“步兵炮”，它能填补手榴弹与重型榴弹机枪间的火力空白。

事实上，各国军事专家通过对历次低烈度冲突中武器装备战斗使用情况的分析，发现在常见的小规模机动战斗分队近距离作战时，往往存在火力密度不足的问题。士兵随身携带的手榴弹最多只能扔出 30～40 米，而配置到排一级的大型自动榴弹发射器（体积较大且笨重，只能放在车辆平台上开火）的有效射程在 500～1 700 米，MGL 转膛榴弹枪正好填补了这一火力空白，使执行“搜索－摧毁”任务的步兵分队在遭遇敌人伏击时能快速输出猛烈而严密的自卫火力，掩护部队转入相对安全的阵地。在不久前肯尼亚军警强攻被恐怖分子控制的西门购物中心，以及美国海军海豹突击队突袭索马里青年党的特种作战行动中，都曾使用这款武器。

其实，MGL 已是“而立之年”的成熟武器了。它于 1983 年列装南非国防军，相继参加过安哥拉战争、刚果（金）战争和利比亚内战，其不占步兵班编制，又能显著提高单兵火力的优点，受到作战部队的欢迎。

MGL 在结构上的最大特点是采用类似左轮手枪的转轮式装填系统，6 发 40 毫米口径的榴弹装在一个旋转弹仓内，由事先拧紧的卷簧提供装填动力。士兵在装弹时，先关上保险，扳动枪管下方的一个钩子可抽出转轮轴，然后向右旋转托架，露出转轮上的弹膛，接着逆时针方向旋转转轮使卷簧扭紧。之后，便可把榴弹装进弹膛。装填完毕后，向左旋转托架关闭转轮，并将转轮轴插入复位，MGL 就装弹完成了。

开火时，步兵先打开 MGL 握把上方的手动保险，扣动扳机时，击针击发榴弹底火。当弹头经过枪管上方的导气孔后，部分火药燃气通过导气孔推动活塞，驱动棘轮卡锁，解脱转膛，转膛在卷簧作用下回转，直至下一个弹膛对准发射管为止。

据介绍，一名训练有素的士兵可在 1 秒内用 MGL 对 400 米外的目标射击 2 次，而在 150 米内的射击精度可与狙击枪媲美。MGL 可发射多种类型的 40 毫米榴弹，其中聚合破片杀伤弹既能摧毁轻型装甲车辆又能杀伤车内人员。

与美军现役单发枪挂式榴弹发射器相比，MGL 的作战射速可达每分钟

12～15 发，一支 MGL 的火力输出强度相当于整个美军步兵排装备的枪挂式榴弹发射器。

目前，南非米尔科公司制造的手持榴弹发射器已销往 36 个国家和地区，其中还包括一些北约成员国。由米尔科美国分公司在美国境内授权生产的 M32 转膛榴弹枪已装备美军，可使用多种北约标准的 40 毫米口径致死或非致死型榴弹，并已在阿富汗战场上大量使用。

美制 M224 轻型迫击炮

步兵战神：
美制 M224 轻型迫击炮

文 — 毕晓普

2013年，美国向阿富汗国民军提供了900套60毫米口径M224式迫击炮，此举除了经济利益驱使外，还有一个重要原因就是当时的美军急于从阿富汗战场抽身，而阿富汗的塔利班势力却卷土重来。M224式迫击炮可以算是美军撤出阿富汗之前留给阿富汗国民军的一份礼物，以便阿富汗军警抵御塔利班的反扑。

继承前辈“基因”

迫击炮是从炮口装弹、以曲射为主的步兵火力支援武器，广泛运用于战争尤其是山地战和堑壕战，用以配合步兵小队作战，对付遮蔽物后方的目标。M224式迫击炮于1978年开始生产，1979年装备美军步兵连、空中突击连和空降步兵连，是一种前装式轻型滑膛迫击炮，主要为地面部队提供近距离炮火支援，在美军中有“步兵战神”之称。该炮长1.016米，重20.8千克，采用滑膛结构，炮口初速每秒237.7米，最大射程3 489米，最小射程50米，最大射速每分钟30发，持续射速每分钟15发。从这些数据来看，它是一款性能优异的近战辅助武器。

M224迫击炮系统可分解为炮筒、支架、底座及光学瞄准系统。该型迫击炮系统可以在支座或单手持握两种状态下使用。处于支座状态时，需要两名炮手配合操作。而当炮手单手持握，因发射角度过小，依靠炮弹自身重量无法触发引信，炮手可使用握把上的扳机来发射炮弹（直接用手扶着炮身射击即可）。此外，该型迫击炮身管后半部有散热螺纹，采用两脚架、中心连杆和较长的横托架与炮身相连，较容易辨认。

美军之所以选择M224，主要还是因其可靠的性能。首先，该型迫击炮重量轻，可分解，携带较方便，特别适合山地作战。其次，它还装有照明装置，可用于夜间作战。该炮的操作使用也较为简单：在发现并瞄准目标后，将迫击炮弹从炮口滑进炮管，依靠其自身重量使炮弹底火撞击炮管底部的撞针，或依靠其自身重量滑至炮身底部，待射手操作释放撞针后，撞击炮弹底部底火。虽然炮弹与炮管间有一定间隙以便炮弹滑落，但弹体外部的闭气环仍能形成极大的膛内压力，推动炮弹高速飞出炮口。

不断改进性能

事实上，迫击炮自问世以来，结构几无变化。与其他现代火炮相比，大多数迫击炮仍采用古代火炮——从炮口装填炮弹的前装方式和没有膛线的滑膛炮管，所以很像落伍的“老古董”，但其可靠的性能和简单的操作却是普通火炮无可比拟的。因此，迫击炮在现代战争中仍然是一种不可缺少的有效武器。

与大多数武器一样，迫击炮的发展也经历了一个由简至繁、由重及轻、由弱到强的过程。以 M224 为例，其“鼻祖”是布兰德 60 毫米迫击炮，该炮全重虽然只有 19.07 千克，但最大射程仅 1 840 米。对布兰德迫击炮的改进却陷入一旦增加射程，重量也随之大增的尴尬，随后出现的美制 M19 迫击炮重量一度达到 25 千克。直到 20 世纪 80 年代，M 系列迫击炮的改进工作才获得新进展。之后，美军又为其加装新型瞄准系统，研发射程更远的弹药，M224 如虎添翼。

尽管 M224 式 60 毫米迫击炮集众技术所长，但美国从未停止对它的改进。美国“战略之页”网站曾透露，美国陆军和海军陆战队已于 2012 年 5 月装备新的 M224A1 型 60 毫米便携式迫击炮。他们通过使用新材料和减少部件数量等方法，使炮身重量减轻 20%，例如采用镍合金制造炮管，使用铝和钛等高性能材料制造支架，其中最轻的一种仅 16.1 千克，而射速、射程和炮管寿命仍与之前的迫击炮相当。因此，M224 的改进型迫击炮特别受美军欢迎。据悉，M224 的价格仅为一万美元，算得上美军目前最便宜的火炮。

未来游击利器

随着陆军压制兵器的信息化发展，各种灵巧弹药相继涌现，使得迫击炮的地位、作用有所下降。但从阿富汗战争、伊拉克战争等几场局部战争看，双方激战往往发生在高楼林立的城市或草木丛生、地势险峻的山地丛林。为适应此类战场的需求，迫击炮仍是战场不可或缺的支援火力。

为适应步兵快速机动作战要求，提高步兵对迫击炮火力的需求，在步兵实现机械化的同时，迫击炮也将逐步向自动化方向发展。未来的自行迫击炮不仅包括迫击炮发射管，还配有完整的辅助系统、操作平台及先进的火控系统，自动探测系统、定位导航系统、激光测距仪等具有高度战场机动性的技术装备。同时，为提高装备的战场生存力，未来迫击炮将采用全封闭装甲炮塔。目前，一些世界军事强国已经推出包括轮式和履带式在内的自行迫击炮，如俄罗斯“维纳”、美国“龙火”、以色列“卡多姆”等自行迫击炮。

此外，现代城市作战民用目标多，为避免伤及无辜，压缩战争损失，减轻政治压力，急需研制能精确射击的迫击炮。目前世界各国都在研究的轻型车载式迫击炮系统不失为一种选择。车载式迫击炮往往采用“高机动性多用途轮式车”作为作战平台，迫击炮安装在转盘上，可实现 360 度射击；通过安装火控系统和弹药填装系统，还可提高射击精度和速度。倘若这些技术成熟，轻型车载迫击炮系统将是未来城市作战和山地丛林作战的利器。

RT-61 型迫击炮

小炮不凡：RT-61 型迫击炮

文｜卢方

在现代战争中，迫击炮堪称真正的步兵炮，可以为步兵提供最及时的火力支援。而在世界各国的迫击炮家族里，法国与荷兰联合研制、由法国汤姆逊·布朗德公司生产的 RT-61 型 120 毫米线膛迫击炮堪称长盛不衰的“奇葩”。这款诞生于 20 世纪 60 年代的“大型迫击炮”，既有便于投送的战术灵活性，又有堪比大口径重炮的威力，至今仍在许多国家的军队服役。

年纪不小，水平不差

若论年纪，诞生于 1964 年的 RT－61 绝对算得上“老炮当道”。因为法、荷两国希望该炮能保持一定的先进性，所以在量产之前进行了多次改进，直到 1973 年 9 月才列装法国空降炮兵团、机械化步兵团及荷兰海军陆战队。

法荷两国的精益求精果然得到了回报。1986 年，RT－61 参加美国举办的 120 毫米迫击炮选型试验，居然技压美国厂商，获得美军的青睐。而美军的采购一时间成为风向标，引来日本、巴基斯坦、希腊、土耳其等国跟进采购，并在这些国家长期服役。

其实，RT－61 虽然具备传统迫击炮的基本结构特点——主要由炮身、炮架（摇架和下架）及座钣三部分组成，但其重量高达 582 千克（炮身 114 千克，炮架 257 千克，座钣 190 千克），全炮长 3.01 米，宽 1.93 米，堪称“大型重炮”。该炮的机动方式是用轮式车辆（如军用吉普）或装甲输送车牵引，行军战斗转换时间 90 秒，战斗行军转换时间 120 秒，炮班人数共 6 人。

与传统迫击炮相比，RT－61 有许多创新和改变。它的炮管长 2.08 米，为提高火炮射击精度，炮管内部一改传统的滑膛结构，内膛刻划出 40 条缠度为 10 度 30 分的右旋等齐膛线，目的是使弹丸通过自旋提高飞行稳定度，提升射击精度。炮管外部为螺纹结构，既可用于调整摇架与炮身的相对位置，从而赋予火炮射击所需的射角，又增加了炮管外表的散热面积，有利于降低炮管温度。

此外，RT－61 既继承了传统的前端装填、迫击发射的方式，又在炮管后端巧妙设计了密闭性较好的击发装置，以便在迫击发射不成功的情况下，依靠炮管后端的击发装置补充拉发，无需将弹丸从炮口倒出，大大增强安全性。炮管后端的排气孔也是一个创新设计，能防止射击时有砂尘吸入炮膛。该炮的最大射速为每分钟 15～20 发，正常射速每分钟 6 发。

多种弹药，多种用途

RT－61 迫击炮的炮架由摇架和下架组成，摇架上的高低机、方向机及水平调整仪与传统的迫击炮结构基本相同，高低射界为 +30 度至 +85 度，在不移动座钣的情况下方向射界为 ±14 度。高低机和方向机是传统的蜗轮蜗杆传动机构，可以粗调和微调高低与方向射角。摇架上连接有带手轮的钢制套筒和扭杆式悬架，下架由一对炮轮和车轴组成。它的座钣为传统的等腰三角形结构，边长为 1.15 米。座钣底面有 Y 形加强筋，用以承载火炮较强的后坐力。加强筋底部设有驻锄，可以将座钣固定在地面，防止在火炮射击时座钣发生移动，影响射击精度。

RT－61 迫击炮配有带预制膛线刻槽的 PR－14 型榴弹、PRPA 型火箭增程弹、PRAB 型反装甲榴弹和 PRECLAR 型照明弹，也可以发射传统的 M44 式 120 毫米尾翼稳定迫击炮弹。

其中，普及最广的 PR－14 型榴弹长 897 毫米，内装 4.4 千克 TNT 炸药，炮口初速每秒 365 米，最大射程超过 8 千米，最小射程为 1.1 千米，落角为 60 度至 70 度，对敌人的杀伤效果媲美军师级部队才有的 155 毫米口径的榴弹炮。该炮弹配用离地炸点 2.5 米的近炸引信时，其杀伤范围能接近 1 900 平方米。

PRPA 型火箭增程弹全长 918 毫米，弹体用高强度珠光体可锻铸铁制成，内装 2.7 千克 RDXTNT 混合炸药。弹丸飞出炮口 10 秒后，火箭点火工作 2 秒，使炮弹的速度增加 120 米 / 秒，其最大射程为 13 千米。

PRAB 反装甲榴弹的弹体是合金钢预制破片结构，起爆后产生的高速破片能在 15 米内穿透 15 毫米厚的均质装甲钢板。

PRECLAR 照明弹则装有带降落伞的照明火炬，持续燃烧时间约为 60 秒，配有可预先装定的机械时间引信。

大国巧思，锐意进取

客观而言，RT－61 迫击炮以精密的结构和较重的炮身，换取射击稳定性和打击精度，似乎战场机动性和炮手操作性不如其他国家的轻型迫击炮，但由于其较大口径带来的毁伤效果和种类齐全的弹药及较高的射击精度等优势，自从在多个国家装备部队以来一直没有被取代。尤其在一些中小国家，受地域环境、经济实力和工业基础等因素影响，不方便使用或者干脆买不起 155 毫米口径的大威力榴弹炮，只能选择大口径迫击炮作为替代品，努力通过技术与战术的同步创新，使其能在特定条件下与 155 毫米榴弹炮形成“火力对抗”。

为有效提高战场机动性和降低炮手战场上的操作强度，巴基斯坦等国已将 RT－61 集成到轮式车辆或履带式车辆上，变成能够“打了就跑”的自行迫击炮。日本更是为其增装反后坐装置，较大幅度地降低火炮后坐力，以便将该炮安装在轻型车辆底盘上。同时，美国还依仗既有高新技术，为该炮研制出多种用途的精确制导弹药。

可以预见，在未来相当长的时间内，已服役超过 40 年的 RT－61 型迫击炮仍将是许多国家步兵部队的主力武器。

以色列“内格夫”轻机枪

文 | 安泰

以色列
“内格夫”轻机枪

进入 21 世纪后，步兵用重武器得到了长足的发展，不过，在各国军队中轻机枪依然是步兵班的主要火力压制武器。2014 年年初，以色列国防军开始列装一种新型轻机枪——改进型“内格夫”班用机枪。

其实，以军基层官兵早就有换装新型班用机枪的呼声。20 世纪 80 年代末，美军全面换装 FN 公司设计的 M249“米尼米”班用机枪，以色列国防部本想跟进，但先期购买的少量“米尼米”机枪下发部队后，却发现该枪“水土不服”。随后，以色列国防部决定让以色列武器公司（IWI）自主研发新型轻机枪。

1993 年，IWI 推出第一挺“内格夫”轻机枪，并造出一批原型枪交给伞兵旅测试，但它们在当地沙尘环境中故障频发，很快被回炉。此后，经过 20 余年的研发，“内格夫”机枪已发展到第四版，终于在可靠性、便携性和命中精度方面达标。

就外观和结构来说，新版“内格夫”机枪和“米尼米”机枪有许多相似之处，都采用长行程活塞复进系统。由于采用自由枪机设计（射手扣下扳机后才推弹上膛并击发），枪内弹药平时不会受到枪膛高热影响，且枪栓平时不会锁住枪膛，便于快速散热。

为提高操作灵活性和可靠性，新版“内格夫”机枪的气体调节器有多种模式可调，以便依照不同供弹方式调节枪栓动能，减少因上膛动能太大而导致的卡弹。同时，在无暇保养枪支的情况下，也可把气体调节器开大，让枪机有足够动能挤掉机匣滑轨内的污物，确保正常射击。

“内格夫”机枪有三种模式（全自动、半自动和保险），选择钮位于握把左侧，可用右手大拇指开保险。为了避免在枪机待发状态下进行大部件分解，只有在处于保险模式时才能打开机匣固定卡笋。此外，“内格夫”机枪没有采用类似“米尼米”机枪的固定式枪机拉柄，以避免枪机拉柄勾到异物影响射击。

为了维持长时间自动射击，该枪的枪管可以免工具更换，枪管内部镀铬，增加耐磨性。为避免在更换枪管时走火，枪管更换卡笋必须在机匣盖打开时才能使用。

“内格夫”机枪主要使用美军规格的 M27 分离式弹链供弹，也可使用国产“加利尔”步枪的 35 发弹匣或美军规格的 30 发弹匣（需要增加特制的转接器）。另外，IWI 还设计了专用的 150 发弹药袋。“内格夫”机枪的弹匣匣口设在机匣下方，这种设计的最大好处是射手在装弹后不会有枪身重心偏移的感觉，且装弹动作与使用突击步枪相似，便于士兵快速适应该枪的操作。

为了节省成本，“内格夫”机枪大量沿用“加利尔”步枪的零件，如前护手、枪托和握把等。为了增加射击稳定性，前护手下方加装折叠式双脚架（可快拆）。由于在设计时非常注重枪身重量平衡，射手完全可以像使用突击步枪般抵肩或抵腰射击，非常适合巷战使用。

俄制 GM–94 榴弹枪

特战神器：
俄制 GM–94 榴弹枪

文｜安泰

随着被恐怖袭击波及的国家越来越多，手段残暴且气焰嚣张，各国政府均表示决不向恐怖势力妥协。面对严峻的反恐形势，各国都积极为强力部门提供恰当的武器装备，其中拥有丰富反恐经验的俄罗斯就在反恐武器开发上走在世界前列。在俄内务部队的一系列反恐行动中，士兵随身携带的 GM－94 榴弹枪频频出现在新闻镜头里。

特殊战场，特殊武器

通过分析各类恐怖袭击案例可以发现，恐怖分子往往选择居民社区、公园、商店、地铁以及经济、行政机构办公场所等实施暴恐活动，这些场所的特点是空间相对狭小、人员活动密集、空间比较封闭且极易利用人群或各种坚固物体（如墙壁、轻型装甲车）快速隐蔽和逃脱。作战实践表明，只有特殊设计的兵器才能既满足各种战术和火力要求，又用起来得心应手。

过去，遇到恐怖分子利用建筑物负隅顽抗，俄内务部队只能拿军用火箭筒去破障，这种武器发射时会产生高温尾焰和巨大后坐力，只适合在开阔地带使用，况且射击时的爆音和火光会暴露射手的位置，让恐怖分子有机会“反咬一口”。有鉴于此，俄罗斯著名的轻武器设计单位——图拉仪表设计局推出不占编制的 GM－94 单兵榴弹枪，它在发射器和战斗装药两大领域实现突破，减少武器系统重量、简化操作步骤，且在减小弹药重量的情况下提高毁伤威力，还能精确控制杀伤半径。

独特构造，易用可靠

GM－94 仅重 4.5 千克（空枪状态），具有鲜明的设计特点——图拉仪表设计局将猎枪的“唧筒式”弹药装填方式应用到榴弹发射器上。这种设计结构能减少发射器的零部件数量，使发射器的重量和尺寸都大幅减小，便于射手操作。

该枪枪管位于筒装弹匣的下方，弹药从上部装填。这种弹药装填方式的一大好处是射击后的空弹壳向下抛出，射手用右肩和左肩射击都同样方便，这显然会令“左撇子”感到高兴。此外，向下抛出的弹壳便于寻找，射手在完成任务后，能快速清理战场，尽快撤退。

GM-94射击过程中产生的热效应对撞针作用小，同时配有自动扣击击发装置（单靠手指勾动扳机即可牵动击针簧完成射击），使武器始终处于备战状态，随时可以举枪发射，这种简单的机械设计却使得性能十分可靠。

在多年的反恐实战中，俄内务部队真心喜欢上了GM-94，它完全可以适应多种作战任务需要，尤其是在城市楼群中执行诸如反恐处突等护法行动。

多种弹药，快速发射

其实在GM-94之前，俄武装力量也装备过便携式榴弹枪——25P。它实际是个“寄生武器”，一般加挂在AK-74突击步枪枪管下使用，而且射击时只能“打一发，装一发”，颇为不便，况且25P榴弹枪的口径只有30毫米，只能使用杀伤破片榴弹，对付躲在掩蔽物后面的人员缺乏杀伤效果。与25P相比，GM-94可谓“青出于蓝胜于蓝”。该枪口径为43毫米，最大射程600米，配备温压式、高爆式榴弹，也可换用催泪弹等特种弹药，可以适应不同作战环境和作战需求。其中，GM-94配套的温压式榴弹可杀伤以爆破点为中心、半径3米、处于不同层面和高度的有生力量，并具有较强的侵彻能力（可穿透40毫米厚木板或2毫米厚钢板）。

GM-94还具有快速发射能力，且射击点密集、准确，弹药杀伤半径控制程度高，在易燃易爆的油料仓库或发生火灾的建筑物中都可以放心使用。如果采用催泪弹，可使100平方米无遮盖场所或300立方米建筑物内的人员难以忍受。

一枪多用，杀伤效率高

按照俄内务部军人的说法，GM-94开火时产生的枪声和火光比过去的火箭筒要小得多，因此，射手可以放心大胆地执行隐蔽偷袭任务。在封闭的建筑物中使用GM-94，能够轻易射杀藏身楼宇、地下室、仓库、运输车箱中的有生力量。GM-94枪身上自带折叠式金属枪托，在空间狭小的情况下（如汽车里）枪手可根据实际作战的需要选择抵肩射击或非抵肩射击，且机动性能好，重量和外形尺寸仅相当于微型冲锋枪。GM－94集枪炮的低伸弹道和迫击炮的弯曲弹道于一体，可对掩蔽物后的目标进行超越射击，也可对近距离目标进行直接射击，因此在山区剿匪战役中更可一显身手。

实战证明，俄制GM－94手持榴弹发射器是一种杀伤效率高、人机工效好的多用途单兵榴弹发射器。在当今城市小范围局部冲突枪战中，GM－94能够让警察和反恐特种部队大显身手，狠狠地打击形形色色的恐怖分子。与其他国家同类产品相比较，其实际作战性能高出一筹，开发研制水平和设计思路在国际居于领先地位。相信GM－94装备到俄内务部队和各国反恐部队后，在战斗中会有上佳的表现，有利于遏止各种犯罪现象。

德军 HK121 通用机枪

德国陆军换装 HK121 通用机枪

文｜萧萧

自从极端组织“伊斯兰国”（IS）肆虐中东多国以来，以美国为首的北约国家积极武装伊拉克、叙利亚境内的库尔德武装，试图靠他们遏制极端组织的泛滥。不过，这些援助给库尔德武装的武器并非新货，而是各国军队库存的旧枪旧炮。以德国为例，大量老式 G3 步枪、MG3 机枪等轻武器被送往中东地区，而德国陆军则趁机换装，用上了新式的 HK121 系列通用机枪。按照德国国防部的说法，该枪的威力是上一代 MG3 通用机枪的 1.8 倍，将使德军步兵的作战效能再上一个台阶。

长久以来，由于对现役的 MG3 机枪基本满意，德国陆军对更换新型机枪缺乏动力。然而，在德国造枪大亨黑克勒·科赫公司（HK 公司）看来，德国陆军“换枪”是必然趋势，区别只在早晚而已。为了掌握先机，HK 公司在 2004 年为德国陆军完善 MG4 班用机枪的同时，自行出资启动了 HK121 通用机枪的研发工作。

提升战场耐用性

也许是因为 HK121 和 MG4 的研发工作同时启动，HK 公司在设计 HK121 时，大量参考了 MG4 的设计经验和部队反馈信息，特别强调枪支的战场耐用性。例如，HK121 通用机枪的机匣并未采用低成本的冲压制造工艺，而是采用铸造工艺。这项改变不仅能省去许多切削和钻孔工序，而且避免了冲压变形产生应力。在原厂测试中，HK 公司保证 HK121 的机匣至少可发射 5 万发子弹，而送交德军测试的样枪更达到 7.5 万发。

除了机匣，HK 公司在枪管上也下足了功夫。HK121 的枪管采用高级钢材和冷锻工艺制造，内部镀铬处理。德军的测试报告显示，在持续发射 DM151 钢芯穿甲弹的情况下，HK121 枪管的平均寿命约为 1 500 发，而德军现役 MG3 机枪枪管的平均寿命却只有 400 发左右。

不过，HK 公司追求耐用性并非没有代价。由于大量采用高级钢材，HK121 的空枪重量（含折叠式双脚架）超过 12 千克。如果再加上 200 发备弹，机枪手需要背负的重量超过 15 千克。

安全设计有特色

HK121 另一项设计特色是安全性。首先，HK121 在机匣左侧设计了上弹指示器，只要把弹链装进托弹盘，盖上机匣，上弹指示器就会自动弹出。弹药是否上膛不仅一看便知，而且可以用触觉确认上弹指示器有无弹出，从而在漆黑的夜晚同样能轻易确认装弹情况。

其次，HK121 的枪管经过特别强化，能承受两颗弹头在枪管内撞击产生的额外应力。这样一来，即便有一发弹头卡在枪管内，只要下一发弹药正常击发，就能把卡住的弹头推出枪管，不会影响 HK121 的正常射击。相对来说，其他型号的通用机枪发生类似故障时，只能中止射击后退膛换枪管。对身处前线的士兵来说，负责火力掩护的机枪突然停止射击往往会造成致命后果。

最后，HK121 机枪的保险装置也经过精心设计，无论枪膛内是否有弹药，都可随时开关保险。不必像某些型号的通用机枪一般，只有在子弹上膛后才能开关保险。HK121 握把上方的左右两侧都有保险开关，无论射手习惯用左手还是习惯用右手，都能方便地用大拇指开关保险。

枪管快拆　配件多样

当然，无论材质有多优秀，枪管终究是易损部件。在持续射击的情况下，往往每发射数百发子弹就需要更换枪管。过去，德军士兵普遍抱怨 MG3 机枪更换枪管费时费力，需要副射手戴着隔热手套协助射手操作。HK121 参考了 MG4 机枪的枪管快拆设计，射手只需抓住枪管提把，然后按下枪管卡笋，就能迅速抽换枪管，无需使用其他工具。枪管提把可以折叠，不会妨碍瞄准。

HK121 的机匣盖和导气管两侧都装有“皮卡汀尼”战术导轨，可以方便地加装各式战术配件，如瞄准具、枪灯和激光指示器等。在折叠式双脚架后方还有一个可加装前握把的独立导轨，以便在不使用折叠式脚架支撑的情况下，方便射手举枪射击。为了方便射手在狭窄空间内活动，HK121 的枪托采用折叠式设计和塑料材质制造。此外，它将握把位置安排在枪身重心附近，射手在端枪行进时可以随时抵肩射击。

HK121 采用与 G28 半自动狙击枪相同的 RAL8000 深沙绿色迷彩涂装，适合大多数野战环境，具有良好的伪装效果。枪口装有鸟笼式防火帽，能有效降低射击时的后坐力和枪口焰。

射击精准　射速可调

虽然战场实践证实机枪射速越高，火力压制的效果越好，但高射速也带来不少问题，例如射速越高枪支越难控制，且弹药消耗过快。因此，HK 公司在设计 HK121 机枪时把最高射速控制在每分钟 800 发左右。如果射手需要进行无依托射击，还可以通过调整导气管前方的气体调节器，把射速压低到每分钟

600～700 发。当枪支在战场上因零部件受污染而无法正常射击时，射手只需把气体调节器调整到紧急位置，就能在短时间内维持枪械的正常运作。

在射击精度方面，HK121 的表现同样出色。HK121 使用折叠式双脚架时的有效射程为 600 米，如果使用三脚架的话，有效射程增至 1 200 米。HK121 可采用多种供弹方式，除了常用的弹链供弹外，还可以使用 120 发弹袋。不过，由于抛壳口位于机匣下方，弹袋需要配装大型转接器才能避免枪身重心偏向左侧。

就设计理念而言，HK121 通用机枪是结合班用机枪的轻巧特性和传统通用机枪射程远、火力猛等优点的新一代多用途步兵武器，在耐用性、可靠性、易操作、易维护等方面都有出色表现。也许正因为 HK121 的性能优秀，德军已决定大量采购。

瑞士“单兵作战系统”

瑞士
“单兵作战系统”实用为王

文—安然

随着“网络中心战”概念的提出，许多国家纷纷开发先进的单兵装备和综合武器系统。身为永久中立国的瑞典也不甘落后，通过对外采购和自主开发相结合的方式，即将推出新一代“单兵综合模块作战系统”，以便每个士兵都能成为整个作战指挥情报网络的一部分，提高作战效能。

强调通用性和模块化

从作战需求想定的角度观察，瑞士对“单兵综合模块作战系统”（IMESS）的性能要求和美俄等军事大国有很大不同。首先，瑞军侧重国土防御，海外派兵任务极少，因此瑞军只是希望IMESS能增强士兵间的信息交流及提高射击精度，从而提升小部队在防御作战中的作战能力。其次，考虑到瑞士全民皆兵，IMESS将是与步枪相似的“标准装备”，所有义务兵都能使用，简化IMESS的维护保养难度和提高可靠性就变得极为重要。瑞军要求IMESS必须操作简便，易于维护，且价格要控制在合理范围内。

为了降低研发成本，由瑞士工业公司（SIG）牵头的开发团队在立项之初就强调通用性和模块化，所需零部件尽可能从现货市场上挑选。虽然此举在一定程度上限制了IMESS的性能，无法与美国的“陆地勇士”单兵系统相比，但也使IMESS没有发生因开发过程不尽人意所导致的计划拖延与成本追加。此外，在IMESS的设计中预留了多种设备接口（如光电传感器与通信系统），以便未来瑞军引进更先进的单兵装备后能轻易安装到IMESS上，对其进行升级。

防弹背心成挂载主体

IMESS的基本骨架以瑞士陆军现役三级防弹背心为挂载主体，利用经改装的小型综合战斗背包携带小型加密电台、中央处理器和高效能电池。这种设计的最大优点是更换和维修非常方便，穿戴方法也没有特别之处，官兵只需稍加训练就能熟练使用。

值得一提的是，为了避免因战斗时的剧烈动作导致配线松脱，IMESS在设计时特别注意减少配线。中央处理器和加密电台采用标准军标接头，一旦损坏能方便地使用库存备件替换，也可在销毁数据后就地破坏。

系统模块化的另一大优势是未来如有更新需要，只需简单的拔插和开关机作业就能强化 IMESS 的通信能力和情报处理能力。为尽可能简化基层部队的作业流程，IMESS 的软件升级全部通过网络自动完成。这样一来，基层部队就不必配备专门的设备维护人员。

综合显示器和瞄准具

除了与防弹背心结合的综合式通信 / 情报处理背包，IMESS 的另两个重要部件是多功能单眼显示器和综合式瞄准具。其中，多功能单眼显示器由两部分组成：一是装在防弹头盔上的图像处理单元；二是彩色单眼液晶显示器。二者用可挠性缆线连接。士兵可依照自己的喜好，将显示器安装在左眼或右眼位置。在发生近距离战斗时，为了获得更好的视野，士兵可以把显示器拨到头盔侧面。在功能方面，单眼显示器不仅可以显示战术地图、文字信息和友军传来的图像情报，而且能与枪械上的瞄准具连接，显示枪口指向的视野。总的来看，单眼显示器的使用相当灵活，但也有缺点——位于头盔正面的图像处理单元易在战斗中受损。

IMESS 所用的瞄准具采用兼容于现有军标战术滑轨的快拆设计，让士兵能方便地在战斗环境下进行拆装。在功能方面，瞄准具综合了夜视镜、热成像仪、激光测距仪和传统光学瞄准具，而瞄准具上方的战术滑轨还能加装近战用内红点快速瞄准镜，让士兵可以不分昼夜精确瞄准各种距离的目标。比较特别的是，在枪支前部安装了一个小型护手，护手上安装了一个小型观测用摄像机，让士兵在巷战中可以直接通过摄影机监视屋内或转角处有无可疑目标。

这套综合瞄准系统采用加固民标锂电池供电，持续开机操作时间可达八小时。如果士兵选择省电休眠模式，使用时间还能延长。之前美军试用“陆地勇士”系统时，其配套瞄准具往往需要数秒才能获取清晰图像，因而屡遭美军官兵诟病。IMESS 在设计瞄准具时就特别重视电子镜头的对焦速度，为了让士兵获得更大的出枪自由度，瞄准具还采用了短距无线传输技术。为预防电池耗尽或瞄准具发生故障，IMESS 所用的瞄准具还集成了独立的光学通道，即便瞄准具的电子系统发生故障或电池耗尽，士兵还能通过瞄准具的光学通道进行观瞄。

导弹鱼雷

美制“地狱火”导弹

“地狱火”导弹：应对“非对称海战”

文｜马鸣

随着美军航母和战舰长期游弋于波斯湾地区，伊朗也经常在波斯湾海域举行海上演习。在此类演习中，伊朗往往会出动数以百计的作战快艇参与演练，以便展示其控制霍尔木兹海峡的能力。另一方面，为了应对“海上狼群”战术，美国海军提出的措施之一就是为航母和战舰上的各类直升机配备更多的“地狱火”导弹，试图采取“以空制海，以快制快”的策略，以便在必要时实施“快速发现、快速摧毁”。

不断升级的“地狱火”

“地狱火”导弹的军用编号为AGM－114，是美国洛·马公司在“大黄蜂”电视制导空对地导弹基础上研制的空对面导弹，起初主要用于对付坦克等装甲目标。“地狱火”导弹的外形为轴对称圆柱形，导引头尾部圆柱段有四片“X”形控制舵，和尾翼配合可提高导弹机动性。动力装置是单级无烟火箭发动机，导弹发射三秒后即可突破音速。

“地狱火”导弹基本型——AGM－114A采用半主动激光制导，制导系统由激光导引头、自动驾驶仪和飞航控制系统组成。重约9公斤的聚能破甲型战斗部中装有6.8公斤高能炸药，破甲厚度可达1.4米。“地狱火”导弹最大射程8千米，命中概率为96%。

AGM－114A导弹在1991年海湾战争中得到广泛使用，据统计美军武装直升机共发射2 800余枚导弹，击毁伊拉克军队各类目标2 100多个。美军宣称，“地狱火”导弹的实战表现和在沙漠环境下的耐久性非常出色。美军还发现“地狱火”的小弹头很适合巷战，其激光导引功能甚至可以直接打进窗户，对反恐作战有极高战术价值。

如今，美军用来对付伊朗快艇的AGM－114K型“地狱火”导弹已升级到更高等级。它采用数字自动驾驶仪和抗干扰激光导引头，并对战斗部和电子引信进行改进，导弹质量和长度与基本型AGM－114A一样，但最大射程提高到了9千米，飞行速度增至1.1倍音速。其数字自动驾驶仪可以修正飞行弹道，在飞行末段能以垂直的角度向目标俯冲。如果选用爆炸 / 破片战斗部，AGM－114K尤其适合攻击小型舰艇目标。

据美军介绍，通常采用以一部激光指示器控制两个导弹发射器攻击同一个目标，等导弹命中后再转换到下一个目标，但根据战场需要还可采用两种攻击方式：一是快速发射，当有两个以上互相邻近的目标靠近时，一部激光指示器以一种激光编码依次照射目标，导弹发射器可以6～8秒的间隔按同一编码向目标连续发射导弹，指示器在指示第一枚导弹命中目标后立即转向第二个目标，引导正在飞行的导弹命中第二个目标；二是连续发射，两部或两部以上的激光指示器各自按不同的激光编码照射各自的目标，导弹发射器以约一秒的间隔向这些目标发射导弹，导弹即可按相应的激光编码攻击各自的目标。

有消息称，美军还指望洛·马公司提供性能更好的AGM－114R型导弹，其最大特点是采用新型IBFS多用途弹头，结合锥形装药和爆破弹头的特点，使其能打击多种目标（包括装甲车辆、空中防御系统、巡逻艇和掩体目标）。AGM－114R采用多种制导方式（激光制导、半主动雷达制导、数字导航、毫米波雷达导引、红外制导等），使导弹具备“发射后不管”和精确打击能力。导引头采用可编程的电子引信，导弹发射后能自主确定最佳制导模式跟踪目标，提高命中目标的概率。

“蜂群”展开海上游击战

按照美国中央司令部的统计，伊朗武装力量拥有200艘可用于敢死突击的快艇，它们一般装备重机枪、107毫米口径火箭炮或水雷，也可装载大批炸药，能够重创大型舰船。这些摩托艇可遵照“蜂群战术”进行部署——在狭窄的海运航路上伏击商船和战舰。

针对“蜂群战术”，美国海军肯定正在着手进行相应的防备。美国海军中央司令部原指挥官、已退役中将凯文·科斯格雷夫表示：“多年来，我们一直都在为应付敌人的自杀式作战进行准备，并不时对训练及装备进行调整。”科斯格雷夫称，美军已将更多机枪和25毫米机炮部署到战舰甲板上，尤其是为舰载直升机配备像“地狱火”导弹之类的精确制导武器，使其能够更有力地应对快艇。不过，科斯格雷夫也警告说，被描述成“处于扩张中的假想敌”的伊朗不仅具有“蜂群战术”，还会利用装备有精密武器（如反舰导弹及远程鱼雷）的武器平台发起攻击。

2002年，美军实施过一场演习，模拟在诸如波斯湾等狭窄水域遭遇快艇群围攻的场景。当时的《旧金山纪事报》报道称，这场演习使“美国海军遭遇了自珍珠港事件以来的最大失败（模拟性质）”。华盛顿国防分析学院海军专家斯坦利·威克斯透露说：“成群的快艇以及可移动的岸基导弹冲向美国舰船，尽管美军精确制导武器击毁了大部分来袭目标，但总有少数快艇或导弹得以完成攻击，给美国造成心理和财政上难以承受的损失。”华盛顿近东政策研究所专家黑格舍纳斯指出，狭窄沿海水域的包围及混战并不是美国海军所擅长的，“这样的战斗无法发挥我们的实力”。

美制“海麻雀”导弹

征战半个世纪的“麻雀”导弹家族

文｜安然

在外人眼里，美国陆军、海军、空军和海军陆战队间的“门派之争”十分激烈，各军种都喜欢搞独门武器，但有一个导弹家族却可以用长达数十年的发展历程反击这种观点。从20世纪中叶以来，这个导弹家族一直广受好评，即使如今的美国国家导弹防御系统也盛情欢迎该导弹家族的“子孙”加盟，这便是著名的“麻雀”导弹家族。

起源于“遥控高速火箭”

麻雀导弹的历史可上溯到1946年，当时刚刚拥有独立地位的美国空军看好制导武器的前景，委托道格拉斯公司发展一种直径127毫米的“无线电遥控高速火箭”（后改名为导弹），主要用于攻击敌方轰炸机和战斗机。美国空军甚至还设想用它取代机炮和机枪，作为未来空战的主要武器。

这种高速火箭的最初编号是KAS-1，1947年9月改为AAM-2，1948年又进一步改为AIM-7。在研制过程中，道格拉斯公司发现127毫米的弹径太小，遂改为203毫米。

1948年，第一种无动力的XAAM-2原型弹进行飞行测试。1959年，第一种AIM-7“麻雀Ⅰ”型导弹装备美军F7U-3M“弯刀”战机和F3H-2M“恶魔”战机。由于采用落后的无线电制导，这种导弹的命中率并不高。后来，AIM-7相继发展出B（麻雀Ⅱ）、C（麻雀Ⅲ）、D、E等型号，改用半主动雷达等制导技术，其发展任务也改由雷锡恩公司承担。

除美国海空军装备“麻雀”导弹外，以色列、加拿大、澳大利亚、希腊、土耳其、伊朗等国也先后装备这种导弹。在20世纪60—70年代，AIM-7E导弹初登战场。该型导弹长3.66米，弹径203毫米，重228千克，射程45千米，采用半主动连续波雷达制导，战斗部杀伤半径达到20米。由于与当时的许多战机雷达不匹配，一度遭到各国飞行员的拒用。当时的伊朗空军参谋长甚至夸张地声称：“伊朗空军飞行员宁可在空战中向敌人战机扔石头，也不愿意使用麻雀导弹。”

顶着这样的坏名声，雷锡恩公司卧薪尝胆，终于在1980年推出性能全面升级的AIM-7M“麻雀”导弹，采用半主动雷达复合制导（脉冲多普勒/连续波），飞行速度也提高到4倍音速。在1991年的海湾战争期间，美军

F－15、F－16、F－4 等战斗机共发射 71 枚 AIM－7M 导弹，击中 25 架伊拉克米格－29、幻影 F.1 等王牌战机，一举名扬天下。目前，该型导弹的单价约在 7 万～10 万美元，非常畅销。

从“战机格斗”到“陆海防空”

20 世纪 60 年代后，由于美国与苏联全力进行核武器竞赛，导致常规武器的研制经费不足。美国陆军和海军都无力发展本军种的专用防空导弹系统，于是就将注意力转移到当时空军大量装备的 AIM－7E“麻雀”导弹身上。美国海军决定在 AIM－7E 基础上发展 RIM－7E“海麻雀”舰载防空导弹系统，美国陆军则打算将“海麻雀”变成“陆麻雀”。

为了将 AIM－7E“麻雀”导弹改造成“海麻雀”，雷锡恩公司采用了新型双推力发动机（大力神 MK－58 或 AerojetMK－65），以便增大射程。此外还采用了固态化的电子导引控制系统（AN/DSQ－35 导引头）和重型大威力 MK71 战斗部。为了将导弹装进发射箱，“海麻雀”的弹翼被改成半折叠式，导弹尾翼则可以完全折叠。导弹内部也有一些改进，包括增加飞行高度探测装置（改善低空性能），加装红外引信（提高打击精度），装上敌我识别器（防止误射己方战机）。它采用更轻便的 MK.29 八联装发射装置、MK.91 数字化火控系统和新型照射制导天线，系统总重只有 12 吨。可以安装在快艇等小型舰艇上。“海麻雀”导弹从 1975 年开始生产，到 2001 年止，各型“海麻雀”共生产了 9 000 多枚。

“改进型海麻雀”脱胎换骨

1995 年，美国海军提出“改进型海麻雀”（ESSM）舰载防空导弹开发项目，雷锡恩公司再度出击。其实，这种“改进型海麻雀”（RIM－162）与最初的“海麻雀”（RIM－7）导弹已经完全不同，是一种全新的导弹。

RIM－162 是一种“尾控”（控制舵面在尾部）导弹，采用小展弦比弹翼加控制尾翼的布局，取代了 RIM－7 的旋转弹翼布局。由于采用推力矢量系统，RIM－162 的最大机动过载达到 50G。通过采用单级大直径（254 毫米）高能固体火箭发动机和新型自动驾驶仪，RIM－162 的射程显著增加，达到中程舰对空导弹的标准。依靠大量现代导弹控制技术（中段惯性制导、末端主动雷达制导、X 波段和 S 波段数据链），“改进型海麻雀”（RIM－162）防空导弹系统可以让海军舰艇有效应对空中威胁。

目前，雷锡恩公司计划生产四种型号“改进型海麻雀”导弹。RIM－162A 是可以用宙斯盾系统的 MK41 垂直发射系统发射的型号，每个 MK41 发射单元内可存放四枚 RIM－162A 导弹。RIM－162B 是用于非宙斯盾舰的 MK41 垂直发射系统的型号，它没有宙斯盾系统的 S 波段数据链。RIM－162C 和 RIM－163D 则分别是用于 MK48 垂直发射系统和 MK29 箱式发射系统的 RIM－162B 导弹的改进型。目前，雷锡恩公司正在扩大生产，以期早日形成战斗力。

“箭刃”巡飞弹

“箭刃”巡飞弹：徘徊在战区上空的暗箭

文｜吕逸

在2012年的新加坡航展上，以色列UVision公司展出的“箭刃”（Blade Arrow）巡飞弹吸引了许多“专业观众”的目光。据称，这种弹药可在复杂地形及城区环境中精确打击高价值目标及时间敏感目标。

所谓“巡飞弹”，是无人机技术和弹药技术有机结合的产物，是一种能在目标区上空进行“巡弋飞行”，“待机”执行多种作战任务的新概念弹药。这种新概念弹药可实现精确打击、通信、中继、目标指示、空中警戒等多种作战功能。其“巡飞”能力对于战时打击时间敏感目标，以及机场、港口、航母战斗群等目标具有重大作用。

据介绍，“箭刃”属长航时巡飞弹，可从箱体发射，也可用导轨发射，使用具有自动跟踪能力的高性能前视红外雷达 / 彩色 CCD 光电导引头提供完整的“情报 / 监视 / 侦察”能力。操作手能够实现搜寻、探测、攻击并命中高价值目标、时间敏感目标及陆地或海上机动目标。一套“箭刃”单元包括发射器及地面控制站，通过地面控制站可以实时控制弹体交战和终止攻击。

专家表示，巡飞弹主要由有效载荷、制导装置、动力推进装置、控制装置（含大展弦比弹翼）、稳定装置（含尾翼或降落伞）等部分组成。巡飞弹有许多优越之处——与无人机相比，它可以像常规弹药一样，由多种武器平台发射或投放，可配用到各军兵种，能快速进入作战区域，突防能力强，战术使用灵活。与常规弹药相比，它多出一个“巡飞弹道”，留空时间长、作用范围大，可发现并攻击隐蔽的时间敏感目标。与巡航导弹相比，它成本低（不到后者的 1/10）、效费比高、尺寸小、雷达截面积小、隐身能力较强，能承受极高的过载。与制导炮弹相比，它能根据战场情况变化，自主或遥控改变飞行路线和任务，对目标形成较长时间的威胁，实施“有选择”的精确打击，并实现弹与弹之间的协同作战。

自 1994 年美国开始研制“低成本自主攻击弹药”以来，巡飞弹就在世界弹药及制导武器领域引起广泛关注。美国在该领域独领风骚，已发展出可供多种平台携带的巡飞弹。除美国外，俄罗斯、以色列、英国、德国、意大利、法国等发达国家也加入巡飞弹药的发展行列。

韩国“玄武-3C”巡航导弹

韩国
“玄武-3C”巡航导弹

文 | 萧萧

2013年2月13日，韩国国防部首次公开国产新型舰对地、潜对地巡航导弹的试验视频，按照韩国国防部发言人的说法，这些导弹“能直接命中朝鲜人民武力部办公室的窗户”，“一旦有事，我们能对‘敌人首脑机关’发动致命打击”。

公布视频展示“肌肉”

据韩国KBS电视台转引自国防部的资料，这些导弹发射视频均是不久前拍摄的。其中由韩国海军“文武大王”号驱逐舰发射的巡航导弹从垂直发射井冲出，升到半空后在矢量推力发动机的作用下转向，直扑目标。而在另一段视频里，韩军潜艇在“潜望镜深度”（通常指水下 7～10 米处）发射一枚巡航导弹，该导弹采用“干式发射”模式——导弹装在容器里，发射出水后分离，导弹点火飞行，类似美国之前卖给韩国的潜射“鱼叉”反舰导弹。

韩国国防部发言人称，上述导弹都已实战部署，其中由潜艇在水下发射的巡航导弹结构紧凑小巧。他还表示，由于韩国三面临海，舰对地、潜对地巡航导弹将是非常有效的打击手段。水面舰艇可以搭载很多导弹，堪称“移动导弹基地”，而潜艇则可以在靠近敌人后发动突然打击，以便达成最大作战目标。

韩国国防部的一位战力政策官指出，为应对所谓“北方军事威胁”，韩国除了实战化部署可覆盖朝鲜全境、射程 500 千米以上的巡航导弹，今后将加速研发速度更快、射程达 800 千米的弹道导弹，并尽快构建集探测、锁定、决策、打击于一体的“杀伤链”系统，确保“有效威慑”。

就在韩军发布巡航导弹视频的前几天，时任韩国国防部长官的金宽镇还亲临中部战线的陆军导弹司令部，慰问值班军人。他要求有关部队做好准备，利用导弹在战争初始阶段挑断敌人脉络，“获得最后胜利”。

美国仍是“幕后推手”

据韩国《中央日报》报道，此次韩国国防部只是公开了导弹种类和发射平台，并未透露更多涉及导弹技术的具体内容。从中可以看出，韩国军方的用意，一方面向朝鲜发出警告信息；另一方面是告诉民众，军队有抗衡朝鲜的手段。但韩国《统一新闻》透露，国防部发布的新式巡航导弹是韩国国防科学研究所十多年努力研制的成果，一些韩国军人将它们称为“大韩战斧”。不过，一些西方专家对此并不认同。

美国“战略之页”网站认为，韩国此次公开的巡航导弹应该就是传言多时的“玄武-3C”型，如果韩国官方所说的“导弹具备突出的目标辨别能力”属实，那么美国技术肯定起到了关键作用。因为巡航导弹要想打得准，离不开精密的卫星制导装置，而这套系统只掌握在美国手里。该网站还分析，“玄武-3C”导弹理论上可以“一击致命”（不需要发射多枚导弹对付一个目标），可以大大节约弹药。当朝鲜半岛出现危急状况时，韩军可以使用巡航导弹，将具有威胁的朝鲜导弹基地和指挥设施予以“精确清除”。据另一位韩国国防部官员称，这些巡航导弹已转交民间公司生产，其中数十枚将移交陆军导弹司令部，另有一部分部署到海军 KDX－2 型驱逐舰和 U214 级潜艇上，形成“二次反击”力量。

俄军事专家瓦西里·卡申认为，由于长期受《美韩导弹控制协定》的约束，韩国不能发展射程超过 300 千米的弹道导弹，所以把更多科研力量放在巡航导弹上。当前，韩国对朝鲜的反制武力主要依赖 F－15K 战斗轰炸机、“玄武－2”近程战术弹道导弹和新公开的“玄武－3C”巡航导弹。射程仅 300 千米的“玄武－2”弹道导弹和 F－15K 战机将主要用于应对靠近“军事分界线”的朝鲜炮兵阵地、空军机场和前方指挥所，保护首尔经济圈，而部署在潜艇、水面舰艇和陆基发射车上的“玄武－3C”巡航导弹则用于打击朝鲜纵深固定目标，实施“斩首作战”。

卡申同时强调，朝鲜有多种选择可以防御韩国弹道导弹和巡航导弹的“协调进攻”。例如，朝军可以驻扎在距韩国更远的地方；战时从多个机场和导弹阵地采取行动，使韩军难以兼顾；让每个机场都具备跑道修复能力；在机场附近部署防空拦截系统等。“无论是哪一种情况，朝鲜都不可能只采用单一的抵抗办法，因此韩国人所说的‘准确攻击朝鲜人民武力部大楼窗户’并不具有多少实战可行性。”

欧洲“金牛座”巡航导弹

欧洲
“金牛座”巡航导弹

文 | 萧萧

受到朝鲜半岛局势持续升温的影响，韩国军方加大了防区外打击武器的引进力度，其中就包括欧洲“金牛座”巡航导弹。按照英国简氏防务信息集团的说法，该导弹集中欧洲防务产业精华，具有灵活反应、快速攻击的特点，射程达到350千米以上，尤其能和韩国空军最先进的远程打击平台——F－15K战斗轰炸机实现系统集成，能有效提升韩军对朝鲜内陆目标的威慑效应。

“欧洲联合”的典范

“金牛座”巡航导弹的研制计划最早于20世纪90年代提出，牵头人是德国戴姆勒·奔驰公司，后来瑞典和意大利的公司相继加入。随着欧洲防务产业高度融合，特别是上述企业将优质资产整合为欧洲导弹开发集团（MBDA）后，“金牛座”也就变成了“欧洲联合防务的典范工程”。

该型导弹是一种掠地飞行的隐身武器，全长约5.38米，直径380毫米，翼长约0.96米，重约860千克，射程为350千米，主要用飞机发射。它采用涡轮喷气发动机推进，借助地形掩护飞行，再加上隐身性能，被发现的概率极低。不过，受国际导弹控制制度的限制，韩国一旦购买“金牛座”巡航导弹，欧洲厂商势必要将射程调整到300千米以下。

该导弹的气动布局较为古典，硕大的弹体外观犹如“冲浪板”，两侧有折叠弹翼。由于弹体自带动力，当具有远航能力的战斗机携带到敌方防空火力圈的射程外发射后，它能自行在“一树之高”的雷达盲区飞行（距离地面不超过15米）。当接近目标区域时，导弹自动接通其“肚子”里装填的主动制导型子母弹药的电源，随后密密麻麻的子母弹便铺天盖地向目标覆盖过来，敌人即使想躲也无处藏身，这就是“金牛座”导弹的作战原则：“你可以逃避，但不能逃脱。”

需要指出的是，“金牛座”导弹之所以能让挑剔的韩国人动心，一是它的火控系统能与美国战斗机实现无缝对接，这当然要归功于“跨大西洋”的美欧防务合作；二是该导弹的制导装置确实了得，在美国尚不肯向韩国出售更具威力的“战斧”系列巡航导弹的情况下，“金牛座”几乎是韩国能在国际武器市场上买到的最佳防区外打击武器。

据报道，“金牛座”导弹采用惯性制导、地形匹配制导与相关传感器结合的复合制导方式，其中最特殊的当属地形匹配制导模块，它能存储目标区域的数字地图（战前由己方侦察卫星或其他先进侦察手段获取），地图上会事先规划好巡航导弹的飞行路线，根据发射点到目标点之间的航线情况，首先确定几个（一般为3～5个）特征性强的地区作定位坐标，从而令导弹飞行到此处时能适时修正弹道。这样配置的优点是精度高，不受气象条件影响，尤其在朝鲜半岛这样多山的区域，更方便“金牛座”导弹选择有特征的地理坐标，进而连续修正飞行轨迹，最终准确命中目标。

更重要的是，为了销售“金牛座”导弹，MBDA会向客户开放“斯波特”“太阳神”等由欧洲主导的军用侦察卫星的情报输出，同时也愿意向出得起钱的客户开放欧洲“伽利略”卫星导航定位系统的高精度信号，这让总是抱怨美国只肯提供GPS粗码定位服务的韩国军方大喜过望。要知道美国GPS向别国提供的卫星信号精度约为10米，而“伽利略”的高精度卫星信号精度达到1米。

俄、美导弹各有卖点

实际上，韩国军方的选择也掀开了国际市场上新一轮防区外打击武器的销售热潮。由于地面防空系统日趋丰富，对空火力封锁也越来越密集，各国空军不愿拿昂贵的战斗机实施高风险突防，就必须使用能在敌方火力圈外投送的机载弹药，让其自行闯关。

除了欧洲的“金牛座”，俄罗斯和美国等传统军售大国当然也不会放弃该领域的潜在市场。目前，俄罗斯国营武器出口公司正大力推销Kh-38巡航导弹。该导弹综合采用惯性制导和“格洛纳斯”卫星制导，弹长4.2米，弹径310毫米，射程为3～40千米。尽管Kh-38的射程明显比“金牛座”短很多，但按照俄方的宣传资料，由于全球大部分常规野战防空武器的防御圈不到40千米（俄罗斯是世界头号防空武器供应商），40千米是防区外武器的较合理射程。况且防区外打击武器也并非射程越远越好，随着射程延长，命中误差也会增加，导弹还必须携带更多燃料，因而会降低威力。

至于美国，目前美国雷锡恩公司正在积极推销“斯拉姆-增敏”（SLAM-ER）巡航导弹。该导弹已在韩国空军有所装备，但因为“特殊原因”，韩军的“斯拉姆-增敏”导弹未能形成完整战斗力。最让韩国人诟病的是该导弹的“名义射程”高达 278 千米，可他们在屡次实弹射击中都未能在该距离上准确命中目标，这也是韩国人改弦更张，重新选择“金牛座”巡航导弹的原因之一。

不过，美国人依然对自己的“斯拉姆-增敏”导弹充满信心，因为该导弹有三大“独门绝技”：一是拥有目标选择能力，导弹内置多通道全计划模块，将预先准备时间从 5～8 小时缩减为 15～30 分钟，具有多次任务的信息输出，可在飞行途中迅速调换打击目标；二是战斗部采用钻地弹头，可打击诸如地下炮兵掩体之类的永备工事；三是采用类似“战斧”巡航导弹的新型弹翼，大大改进导弹的空气动力特性，可以适应高空飞行，并能进一步提高导弹射程。

伊朗“薮猫”远程巡航导弹

波斯战斧：伊朗“薮猫”远程巡航导弹

文 | 黄山伐

尽管与西方的核谈判取得成功，但深信“有备无患”的伊朗丝毫不敢放松国防建设。目前，伊朗第一款国产陆基远程地地巡航导弹——“薮猫”已正式列装部队。外界分析，考虑到“薮猫”导弹拥有超过 2 500 千米的射程和较大的战斗部载荷，如果能大量列装部队无疑会大大加强伊朗对周边敌对势力的军事威慑能力。

被以色列人“揭短”

时任伊朗国防部长的达赫甘声称“薮猫”导弹拥有良好的无线电对抗措施，能够躲避雷达侦测，几乎无法拦截，是维护国家安全的有力武器。对于该型导弹所带来的战略威慑力，达赫甘给予了高度评价。不过，长期对伊朗持警惕态度的以色列在担心伊朗远程打击能力日益强大之余，也不忘揭一下伊朗的“短”。有以色列媒体声称伊朗国产的“薮猫”导弹其实是个“仿货”，其原型是早年伊朗从乌克兰走私来的 kh－55 导弹。

以色列《新消息报》称，2005 年，乌克兰最高拉达（议会）议员奥缅里琴科披露，前总统库奇马在 1999 年默许国防部门和海关放行一艘载有多枚 kh－55 导弹的货轮离开敖德萨，该船经停土耳其、希腊、塞浦路斯和叙利亚后，经空运将导弹运到伊朗德黑兰。

按照奥缅里琴科的说法，kh－55 是原苏联空军和海军的主力作战装备，苏联解体后，乌克兰境内储存有上千枚 kh－55 巡航导弹，根据乌克兰、俄罗斯和美国达成的三方协议，乌克兰应将 581 枚 kh－55 导弹转交俄罗斯，但俄方声称只接收到 575 枚，显然有一定数量的导弹流散到第三国。《新消息报》还不忘“埋汰”一下美国，指责美国在伊朗问题上优柔寡断，坐视伊朗远程打击能力一天天强大起来，完全不顾以色列的“生存需求”。

伊朗人自己的思考

在伊朗的公开报道中只提到“薮猫”导弹由该国航空工业组织研制，但未公布具体的生产厂家。军事专家从伊朗发布的生产照片分析，“薮猫”应与著名的“流星”“阿舒拉”“泥石－2”等弹道导弹一样，均由位于锡尔延的沙希德·赫马特工业集团制造（该集团被美国和联合国列入制裁名单）。

从外观上看，“薮猫”巡航导弹与kh－55极为相似——弹体中段有两片可收放矩形弹翼（翼展3 100毫米），弹体尾部有三片尾翼，弹体后部下方吊挂一台小型涡扇发动机。根据公布的照片估计，“薮猫”导弹长约7.5米，弹径533毫米左右。另据军事专家推测，“薮猫”导弹可携带的弹头重量在450千克左右，最大射程约2 500千米～3 000千米。据伊朗法尔斯通讯社称，“薮猫”导弹弹体采用复合材料制作，其雷达反射截面积只有0.1平方米。与kh－55不同的是，“薮猫”导弹在尾部增加了一个带格栅式尾翼的固体燃料火箭助推器。这可能是因为伊朗将原先由战斗机在空中投射的kh－55改为地面车载发射，需要依靠火箭助推器为导弹提供初始速度和高度。

尽管伊朗未透露“薮猫”所采用的制导方式，但外界普遍推测，“薮猫”导弹在飞行中段可能结合使用惯性制导和卫星定位制导，在飞行末段可能采用红外制导或主被动雷达复合制导，从而使导弹具有“发射后不管”的能力。在伊朗电视台公开的一段影像资料中，一枚经过长途飞行的“薮猫”导弹直接命中目标建筑的十字靶心，显示其具备极高的打击精度。

小“薮猫”，大含义

其实，早在1985年苏联首次公开kh－55巡航导弹时，该型导弹就因气动布局酷似美国“战斧”巡航导弹而被戏称为“战斧斯基”，如今疑似kh－55“仿制品”的“薮猫”能否和“战斧”相提并论呢？

以色列导弹问题专家乌兹·鲁宾认为，伊朗军事科研事业奉行“追赶路线”，努力提升“不对称打击”能力，其目的是在中东范围内确立伊朗的战略威慑效应，警告周边怀有敌意的国家和势力不要轻举妄动，因此弹道导弹、巡航导弹、远程齐射火箭炮和微型潜艇是重点发展方向。具体到巡航导弹领域，伊朗军方曾面临两种发展路线：一是发展超音速巡航导弹，二是研制亚音速巡航导弹。超音速巡航导弹固然是未来导弹发展的趋势，但其体积大、质量重、价格昂贵，以伊朗的国力只能小批量列装。亚音速巡航导弹虽然易遭拦截，但只要具备优良的掠地飞行能力，反而更能有效地突破敌方的空中防线，而且亚音速巡航导弹价格便宜，可以大量装备，一旦实施饱和攻击同样可以发挥巨大威力。所以，伊朗最终选择技术风险较小的亚音速巡航导弹作为开发对象，“薮猫”巡航导弹就是成果之一。

另据俄罗斯《导报》报道，近些年来，伊朗的军事装备建设发展迅猛，“发展速度呈现井喷态势”——1996—2000 年间伊朗总共列装新装备 40 余种，而 2014 年就列装新装备超过 100 种。随着经济形势“稳中有升”，带动军费投入不断增多，伊朗的装备发展势头仍将不减。

温压弹

温压弹：
作战效能堪比战术核武

文 — 王凤岭

2012年2月，韩国与美国签署合同，购买150枚有“亚核武器”之称的温压弹（一种温压武器）。所谓亚核武器，是指利用非核反应产生爆炸等作用，但杀伤破坏效应类似于核武器、破坏效力仅次于核武器的作战工具的统称。温压武器是亚核武器的重要成员。

苏联开创先河

温压武器，亦称温压弹，是指采用温压炸药（富含铝、硼、硅、钛、镁、锆等物质的高爆炸药），利用温度和压力效应产生杀伤效果的弹药。目前已装备使用的有温压炸弹、单兵温压榴弹、温压火箭弹和温压空地导弹。

世界上第一种温压武器，是苏联研制的PRO－ASHMEL“步兵火箭喷火器”，它是迄今为止最广为人知的温压武器。这种武器于1984年装备部队使用。在车臣战争中，俄军曾多次使用PRO－ASHMEL“清剿”洞穴，对付车臣反政府武装的狙击手。

苏联/俄罗斯在开发出PRO－ASHMEL之后，还研制了TBG－7和RShG－1温压榴弹，并为KORNET－E反坦克制导武器系统安装了温压战斗部。俄军装备的温压武器型号较多，既有肩扛式短程温压火箭弹，也有火炮发射的温压榴弹，还有空射型温压炸弹。

美国后来居上

1966年，在越南战争时期，美军就使用了名为BLU－82云爆弹，可以说是其温压武器的前身，该型炸弹爆炸时可以将方圆500多米的地区炸成焦炭。

在后来的海湾战争、科索沃战争、阿富汗战争、伊拉克战争等近几场局部战争中，美国均使用了亚核武器。特别是“9·11”事件后，为满足在阿富汗和伊拉克的作战需要，美国又开发了多种温压武器，包括BLU－118B温压炸弹、XMl－060温压榴弹、采用温压战斗部的AGM－114M“海尔法”Ⅱ导弹和由“肩射多用途攻击武器”发射的温压弹。这些温压武器均使用PBXIH－135炸药，用于BLU－109战斗部与MK84炸弹，以及GBU－15、GBU－24、GBU－27和GBU－28激光制导炸弹和AGM－130导弹上。

2001 年，美军首次在阿富汗战场上使用了 BLU－82B 巨型温压炸弹，开创了空投温压弹的先河。该型炸弹重 6 750 千克，长 3.6 米，直径 1.37 米，弹壳厚 6.35 毫米，内装重约 5 715 千克的硝酸铵、铝粉和聚苯乙烯的稠状混合物。由 MC－130 运输机投放，利用降落伞减速，投弹最低飞行高度 1 800 米，可摧毁约 500 米范围内的物体。

2001 年 12 月 14 日，美国空军第 53 飞行试验联队在内华达测试中心成功试验了 BLU－118B 型温压弹，并于 2002 年 3 月 3 日首次用 F－15E 战机投放，打击躲藏在山洞中的塔利班和“基地”组织成员。

2003 年 4 月—l2 月，美国陆军专门为阿富汗和伊拉克战场紧急研制了一种 40 毫米口径 XMl－060 型温压榴弹投放两个战场，仅阿富汗就运去了 1 600 多枚。

2003 年 5 月，在伊拉克战场上，美国海军陆战队用 AH－1W“超级眼镜蛇”攻击直升机发射带有温压战斗部的 AGM－114M“海尔法”导弹，攻击伊拉克建筑物内的人员以及怀疑藏有生化武器的仓库。美国海军陆战队也使用了肩扛式温压弹，攻击建筑物内的人员。

此外，美军还装备了 25 毫米口径的 XM－25 单兵温压榴弹和 XM－307 班组温压榴弹。

使用优势突出

由于温压武器是亚核武器的一个分支，可以产生与核武器相似的大规模杀伤效果，同时又不会有核污染，也不会遭到反核国家谴责，因而成为现代军事大国的战争首选。继美俄之后，保加利亚、英国、瑞士、以色列、朝鲜、日本、韩国等也纷纷开展了温压武器的研究发展与购买引进。保加利亚已经研制出采用温压战斗部的 GTB－7G 榴弹，并多次在武器展览会上展示。英国奎耐蒂克公司研制了“步兵反掩体武器”，可由单兵携带和发射，主要用于城市作战。此外，英军还在研制一种名为“精确热气压武器”的新型云爆弹。瑞士 RUAG 弹药公司也研制了一种温压战斗部，可配用于俄制火箭弹，能摧毁按美军标准建造的土木结构掩体。

作为核常二元战争形态演进的一种产物，温压武器拥有独特的优势。

一是能实现威慑可信性与实战高效性的统一。温压武器作战效能高、政治适应性强。有人形象地形容温压弹的运用："不损坏一块砖头，不流一滴血，就可使整个城市屈服。"显而易见，这种打击效果是一般的常规战争手段难以企及的。

二是能实现技术密集性与谋略对抗性的统一。到目前为止，拥有温压武器的都是军事技术强国。

三是对封闭空间的杀伤效应大。温压武器主要利用温度和压力效应产生杀伤效果，引爆后发生剧烈燃烧，向四周辐射热量，同时产生高压冲击波，可进入传统爆炸破片无法到达的地方，对封闭空间的杀伤作用更大。

随着反恐和城市作战逐渐成为常见的作战形式，在未来信息化条件下的非对称作战中，温压武器不失为一种"撒手锏"武器。

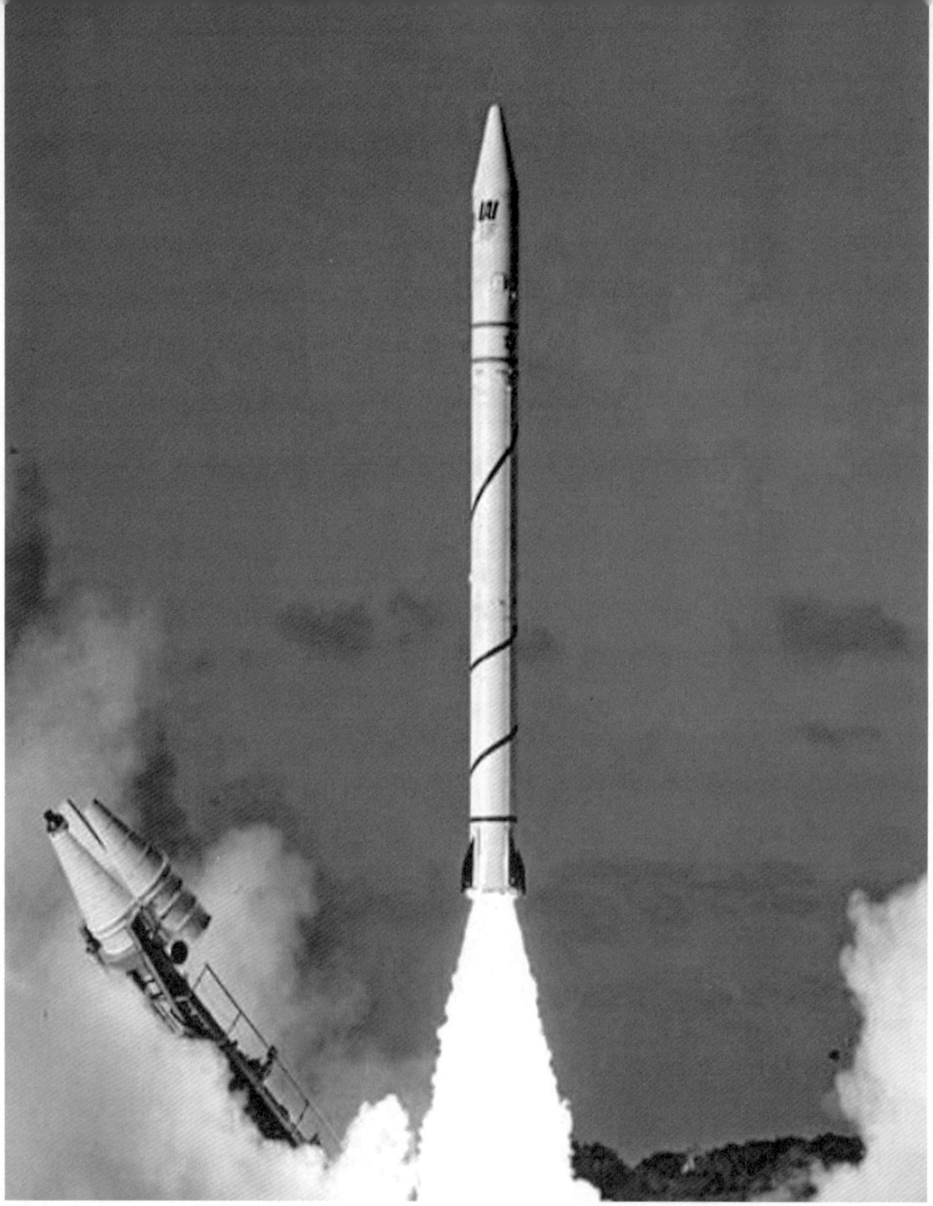

以色列投矛:“杰里科”系列弹道导弹

以色列投矛:
“杰里科”系列弹道导弹

文 — 袁裕闻

地处中东的以色列被阿拉伯国家包围，立国之初就与周边的阿拉伯国家爆发多场战争，这也导致以色列时刻不忘建设强大的国防工业体系，打造中东地区最强军事力量。“杰里科”系列弹道导弹就是以色列发展自主国防能力的标志性产物。2011 年 11 月 2 日，以色列空军成功试射一枚“杰里科－Ⅲ”型远程弹道导弹。据称，该型导弹有能力突破大多数防空反导系统的拦截。

“杰里科－Ⅰ”型：美、法协助研制

以色列地理位置众所周知，因此以色列从建国之初就相当重视从西方国家获取技术独立研发先进武器。1963 年，以色列与法国达索公司签署的弹道导弹研制合同，秘密启动了“杰里科”系列弹道导弹研制计划。

1965 年，“杰里科－Ⅰ”型短程弹道导弹的前身——代号 MD－620 型的弹道导弹开始试射。1968 年 1 月法国在交付 12 枚导弹后对以色列实施禁运，停止与以色列的导弹研制合作。但在美国技术支持下，以色列宇航工业公司于 1969 年继续研制，将 MD－620 型弹道导弹正式更名为“杰里科－Ⅰ”型短程弹道导弹，1971 年底正式加入以色列空军服役，标志着以色列首型弹道导弹横空出世，使以色列拥有了核武器运载能力。1972 年该型导弹具备了携带核战斗部的能力，成为典型的战略弹道导弹。直到 1980 年，以色列已投资 10 亿美元研制该型导弹，20 世纪 90 年代部分性能老化的该型导弹退役封存。

该型导弹重 6.5 吨，长 13.4 米，直径 0.8 米，射程 500 千米，精度 1 000 米，采用全球定位系统和惯性制导，战斗部重 400 千克，可将常规战斗部换成核战斗部。以色列仅把该型导弹列为常规弹道导弹，但事实上可随时换装核战斗部，成为核武器。据估计，以色列已制造了 100 枚该型导弹，尽管部分退役，但随时可开封启用，很快恢复其短程打击能力。该型导弹尽管射程短，但能有效覆盖包括部分埃及、约旦、黎巴嫩、叙利亚、部分伊拉克和部分沙特等在内的阿拉伯国家。

“杰里科－Ⅱ”型：射程覆盖中东

以色列并未止步于“杰里科－Ⅰ”型短程弹道导弹，继续以其为原型研制

“杰里科”型中程弹道导弹，使其射程可完全覆盖整个中东地区，能有效打击北至巴尔干半岛、高加索地区，东至伊朗西部，南至苏丹北部，西至利比亚东部。

“杰里科”型中程弹道导弹最早从1977年开始研制，最初与伊朗巴列维王朝合作，但随着伊朗革命使两国关系恶化，以色列转而与具有弹道导弹研发愿望的南非联手研发。1989年6月，“杰里科”型中程弹道导弹在南非奥弗贝格试验靶场测试时射程达到1 400千米，据时下最普遍的标准——射程在1 000～3 000千米之间的弹道导弹是中程弹道导弹。此外，1987—1992年“杰里科”型中程弹道导弹几次从特拉维夫以南的帕勒马希姆制造厂向地中海成功试射，最远射程达到2 800千米。1994年该型导弹正式服役。

“杰里科”型中程弹道导弹是典型的固体燃料、两级推进的中程弹道导弹，发射重量约为26吨，长14米，直径1.56米，其射程达到7 800千米，采用惯性 + 雷达成像末端制导，其精度较原型有所提高，精度600米，可携带重达1吨的战斗部，战斗部包括高爆战斗部或百万吨级核战斗部，还可换成3枚多弹头分导式战斗部。该型导弹既能从发射井发射，又可从铁路平板车发射，还可从机动导弹发射车上发射，具有很强的机动能力。该型导弹具体数量不详，估计50～80枚。此外，以色列还以该型导弹为原型设计“沙维特”运载火箭，用于发射卫星，为民用航天建设作出贡献。

“杰里科-III”型：突破反导系统

“杰里科-Ⅲ”型弹道导弹是以“杰里科”型中程弹道导弹为原型设计“沙维特”运载火箭的弹道导弹版，研制工作一直处于保密状态。以色列2004年提交给美国国会报告透露“杰里科”型远程弹道导弹运载量为1 000千克。2007年5月，以色列首次试射“杰里科-Ⅲ”型弹道导弹，并准确抵达地中海中的预定海域。2008年1月17日，以色列再次成功试射一枚该型导弹，之后加入以色列空军服役。

据目前的资料显示，“杰里科”型远程弹道导弹的发射重量约为30吨，战斗部重约0.5～1吨，长15.5米，直径1.56米，采用三级固体燃料发动机推进，有效射程在4 800～11 500千米之间。媒体普遍认为其最大射程约 7 800 千米，按照射程超过 5 500 千米的导弹是洲际弹道导弹、射程在 3 000 千米～5 500 千米之间的导弹是远程弹道导弹的标准。“杰里科”型弹道导弹至少处于远程弹道导弹的水平，如果其射程真能达到 11 500 千米，就能越过大西洋打击到美国本土东部地区，成为名副其实的洲际弹道导弹。有消息显示，该型导弹能有效避开现有的弹道导弹防御系统，对预定目标实施直接打击。

意大利“黑鲨”鱼雷

意大利“黑鲨”鱼雷
“游”向印度海军

文｜萧萧

2013 年 3 月 28 日，印度国防部正式确定向意大利采购 98 枚先进的“黑鲨”鱼雷，以满足几年后进入本国海军服役的蝎子级潜艇的作战需求。按照印度国防部官员的说法，采购该鱼雷将“有助于提升印度海军对广阔的印度洋海域的‘反介入’能力”。

军购遭遇“程序之祸”

其实，印度看上“黑鲨”鱼雷不是一天两天了，早在 2005 年就有消息称印度从法国引进蝎子级常规潜艇的建造技术，并将以“75 号工程”的名义建造 6 艘，这些潜艇将是印度海军在 21 世纪前 50 年内的“水下主力”，而意大利白头公司的“黑鲨”重型鱼雷正是该级潜艇必不可少的“利齿”。意大利人也傲气地声称“黑鲨”鱼雷在销售上未作任何价格让步，甚至连技术转让也没承诺，完全凭借自身的优越性能打败了他国的竞争对手。但事情发展却远没有这般“意气风发”，受累于“75 号工程”屡屡拖期，特别是精明的法国商人利用印度在技术转让和基础设施建设方面的“幼稚”，频繁提出“超出合同的附加费用”，导致印度国防部疲于奔命，根本没有精力和资金推进鱼雷的采购事宜。等到 2010 年印度人总算搞定“75 号工程”，蝎子级首艇下水有望之际，鱼雷交易才得以延续，而此时的“黑鲨”娘家——白头公司已成为意大利军火大鳄芬梅卡尼卡公司的子公司。

正所谓“重打鼓，新开张”，由于早前的鱼雷采购意向停摆太久，印、意两国只能把鱼雷销售谈判程序重新走一遍，但是麻烦也接踵而至：先是法国军火商同样觊觎武器供应合同，竭力抵制意大利鱼雷；接着参与印度军购竞标的德国阿特拉斯－STN 公司也来“搅浑水”，向印度“特殊技术监督委员会”起诉意大利公司搞不正当竞争，并提出“贿赂指控”。众所周知，印度政坛因为军购弊案而发生地震不是一两次，高层人士为避免引火烧身，一听到弊案传闻就下意识地放慢采购步伐，结果德国人的“抹黑”战术一试就灵，印、意鱼雷交易又僵持了两年。2013 年初发生意大利水兵打死印度渔民事件，鱼雷交易又遭了池鱼之殃，幸亏意大利政府同意涉事军人赴印受审才算挽回大局。

直到 2013 年 3 月 28 日，时任印度国防部长的 A.K. 安东尼正式宣布印、意鱼雷采购案符合规定，“采购程序公正透明”，这笔采购“黑鲨”鱼雷买卖才尘埃落定。有消息称，受到欧洲同行竞争的压力，意大利也在谈判中作出一定让步，例如出口的98枚鱼雷中原厂只生产20枚，其余则以授权方式由印度巴拉特动力公司组装生产，意方提供核心部件，同时意方还承担向印方转让鱼雷维护和检修技术的义务。

“黑鲨”之魅致命武力

经历这么多波折，印度还对“黑鲨”鱼雷如此钟情，显见该鱼雷确有过人之处。据白头公司发布的数据，“黑鲨”鱼雷长6 300毫米，口径为533毫米，是一种重型反潜/反舰两用鱼雷。它采用电池动力驱动，螺旋桨为11 + 9叶对转桨。内部电池共安装4个电池组，采用铝氧化银结构，可以快速激活，鱼雷可在10秒内完成发射，最大航速超过50节，最大航程90千米。由于该鱼雷采用电力推进，运行噪声非常低。“黑鲨”鱼雷符合北约STANAC4405标准，可使用各种现代鱼雷火控系统，服役年限约30年。

“黑鲨”鱼雷可以通过一根光纤传送制导信息。鱼雷头部为平顶锥形，使用的是最新一代ASTRA共型声导引头，可预先在目标周围形成波束，白头公司声称采用多频率、并行处理和同步声学模式等技术的声导引头允许“黑鲨”鱼雷远距离同时跟踪多达10个目标，其主动探测距离超过2 500米。由于实现了完全数字信号和数据处理，“黑鲨”鱼雷可探测低信号特征目标，具有水声对抗能力。“黑鲨”鱼雷也是世界上少数几种能够随时提供目标跟踪图像的鱼雷，这意味着鱼雷在任何时候都“知道”所有被探测和识别的目标位置，从而确定关键目标参数（距离、俯仰角、方位角等数据）。携带该鱼雷的潜艇可在任何作战深度进行发射，对水面舰艇和潜艇实施致命打击。

该鱼雷配备一个装有250千克高能炸药的六边形高爆战斗部，其爆炸威力相当于460千克TNT炸药，完全可以摧毁具有坚固防护能力的双壳体潜艇。此外，它也被认为是一种相当安全的鱼雷，符合北约制定的安全训练标准。在训练时，可以用一个训练模块替换“黑鲨”鱼雷的战斗部，它包含跟踪信标和带有固体存储器的信息搜集系统，能够非常逼真地模拟鱼雷发射、追踪和打击目标的全过程。

轻型鱼雷

轻型鱼雷：直升机反潜作战的主力武器

随着直升机逐渐成为重要的反潜平台，可以搭载在直升机上的轻型反潜鱼雷也日益受到重视。欧洲各鱼雷大国纷纷斥巨资研制大威力轻型鱼雷。

通常来说，人们将鱼雷按照其直径分为大型鱼雷（0.533～0.555 米）、中型鱼雷（0.4～0.482 米）和小型鱼雷（0.254～0.324 米）。其中，大型鱼雷通常被称为重型鱼雷，主要装备在潜艇上，执行反舰作战；小型鱼雷通常被称为轻型鱼雷，主要装备在水面舰艇和直升机上，主要执行反潜作战，有“潜艇杀手”之称。

意大利由于率先组建世界上首个鱼雷制造厂——白头鱼雷制造厂，被称为欧洲鱼雷的故乡。但随着欧洲装备一体化趋势日益加强，欧洲水下兵器制造企业，尤其是鱼雷制造企业在法、意两国政府推动下开始整合。由意大利白头阿莱尼亚水下系统公司，法国 DCNS 集团、泰利斯水下系统公司、汤姆森辛特拉公司出资组建欧洲鱼雷公司，联合研制新型鱼雷。

早在 20 世纪 70 年代，意大利白头阿莱尼亚水下系统公司就和法国泰利斯水下系统公司在美制 MK44 鱼雷的基础上，联合研制 A244 轻型电动鱼雷。通过不断升级，A244 轻型电动鱼雷的新型号是 A244Mod3 型（最大作战深度 600 米，最大航程 13.5 千米）。

该型鱼雷配备高效直流电机，装备镁银氧化海水电池，内置 424 克 HBX3 非定向爆炸装药，采用 CIACIOS 型音响寻的器制导，内置转化器、信号传输器和相关波束形成电路，可进行主被动或混合模式寻的，其启用主动模式时探测距离达到 2 千米，能通过回响脉冲信号处理器有效识别诱饵和潜艇。

继 A244 轻型鱼雷之后，欧洲鱼雷公司研制的轻型反潜鱼雷是 MU-90，绰号“冲击”，时称世界上最先进轻型反潜鱼雷，性能优于美制 MK46、MK50、MK54 轻型鱼雷。该型鱼雷 2001 年具备初始作战能力，2007 年下半年法国海军接收首批该型鱼雷。此后，MU-90 逐步成为北约成员国的标准配置。

MU-90 采用电力驱动，装备铝银氧化电池和 PBX 型聚能弹药，可在 3 米深处接受制导，在 25 米浅水区作战，最大潜深 1 千米，配备的“水声寻的导引头”能在布满鱼雷诱饵的环境下准确识别目标潜艇，号称能穿透任何潜艇外壳，甚至可穿透双壳体潜艇的外壳。该型鱼雷可从高速飞行的固定翼飞机、直升机、水面舰艇和潜艇上发射，具有发射后不管的特点。

MU-90“冲击”轻型反潜鱼雷主要装备北约国家海军舰艇和飞机，如意大利海军德拉·潘尼级驱逐舰、法国海军 F70 型护卫舰、美国佩里级导弹护卫舰、德制“梅科-200”型隐身护卫舰、意大利海军 ATR72 反潜巡逻机、NH90 型直升机、P3C“猎户星座”反潜巡逻机等。此外，南太平洋的澳大利亚 SH-2G“超级海妖”反潜直升机和 SH70B“海鹰”反潜直升机也装备该型鱼雷。

目前，在国际鱼雷市场上，MU-90 鱼雷已对最新型的美制 MK54 轻型鱼雷构成挑战。

火炮

M–777 型牵引榴弹炮

可快速部署的

M–777 型牵引榴弹炮

文 — 雷炎

2012 年 5 月 11 日，印度防务采购委员会批准了 M－777 型榴弹炮的采购计划，这也是 30 年来，印度首次为陆军购买大口径火炮。由于大量采用了精密加工工艺，以及钛合金和铝合金等轻金属材料，M－777 型榴弹炮具有重量轻、精度高、射程远等特点。

英国公司研制，美国企业生产

M－777 型榴弹炮是一种 155 毫米口径的超轻型牵引榴弹炮，由英国 BAE 系统公司皇家军械分公司研制，2000 年首次交付美军。2002 年 11 月，五角大楼与 BAE 系统公司签订了价值 1.35 亿美元的合同，用于低速小批量生产 M－777 型榴弹炮，在合同的初始阶段生产 94 门，用来装备美国海军陆战队。2004 年末，美国陆军和海军陆战队开始对该武器系统进行作战试验和评估。从 2005 年开始，该武器系统进行全速生产，每月生产 20 门。美国海军陆战队用 377 门 M－777（配用传统光学火控系统）替换了所有 M－198 式 155 毫米口径牵引榴弹炮，美国陆军订购的 237 门 M－777 则主要用来装备轻型部队。

此前，英国 BAE 系统公司的美国分部负责人表示，获得印度订单非常重要，它将保证美国境内的 M－777 火炮生产线能一直忙碌到 2014 年。之后，有 650 门 M－777 榴弹炮交付给美国陆军、海军陆战队，英国陆军和加拿大陆军，而美国哈蒂斯堡兵工厂正在赶工的还有 862 门，涉及美国、澳大利亚、巴西、丹麦、葡萄牙等多个国家。

结构设计独特，高价材料制造

M－777 之所以被称为“超轻型火炮”，主要是因为该炮大量采用钛合金和铝合金等轻金属材料（全炮共使用 960 千克钛合金，占全重的 25.63%），总重量不超过 4.2 吨，是普通 155 毫米火炮重量的一半。炮身大架、射击坐盘、摇架、鞍形安装部、驻锄、车轮轮毂等部件均用钛合金材料制作，驻退机用铝合金制作，只有炮管和一些联结部件是钢制品。

由于钛的价格较高，为了尽可能合理、高效地利用钛合金材料，该炮的很多部件都具有多种功能。例如，摇架的四个管式组件都是按高压容器的要求制造的，因此它既可以作为摇架的一个组成部分，同时又可作为平衡机和反后坐装置的一部分，具有缓冲后坐和控制复进的功能；又如液压气动式悬挂装置，也可作为液压千斤顶使用。

该炮的结构设计也很独特，摇架由四个外伸的钛合金管组成，耳轴和两个铝制氮气筒都装在它的后部。液压气动式反后坐装置的设计也比较新颖，为了使火炮保持射击时的稳定性，一方面利用两个前置的大架稳固支撑火炮，抵消火炮发射时的倾覆力矩；另一方面采用长后坐（后坐长度达 1.4 米）和低耳轴（耳轴高度仅 650 毫米）的方式使后坐力向下转移。该炮的炮架没有底板，行军时支撑在两个炮轮上，两个炮轮在必要时还可作为火炮的支点。该炮通过炮口牵引，牵引环与炮口制退器连为一体。

发射多种弹药，经历实战检验

为了验证该炮的机动能力，美军不仅对该炮进行了多次空运和吊运试验，还进行过空投试验。美军多次在 457 米的高度，从 C－17 和 C－130 运输机上实施低速空投，载有 24 发炮弹的 M－777 式榴弹炮安全着地。

从 2004 年开始，美国与加拿大就把 M－777 部署到阿富汗前线，为北约部队提供火力支援。在作战环境下，一门以每小时 50 千米越野牵引行驶的 M－777 榴弹炮在接到火力支援的呼叫后，两分钟内就可以对目标实施攻击，攻击完成后仅用两分钟又可以回到行驶的路上，这种一呼即应的作战反应能力，可以在战场上赢得宝贵的战机。另外，M－777 还可以每小时 88 千米的速度，快速撤离发射阵地，实现“打了就跑”的高机动战术。

M－777 能发射所有北约现役 155 毫米口径弹药，对距离 30 千米左右的目标发射普通榴弹时，命中精度为 150 米；对距离 10 千米的目标射击时，命中精度为 50 米。它还能发射更先进的制导弹药，如美国雷锡恩公司研制的 M982“神剑”制导炮弹，该炮弹最大射程 40 千米，其命中精度（圆概率偏差）可控制在 10 米以内。在 2010 年美军围剿塔利班武装时，美军用 M－777 榴弹炮发射“神剑”制导炮弹，有好几次“连续发射的 3 颗‘神剑’炮弹都准确命中一个塔利班的武器储藏山洞”，该炮也被塔利班称为“沙漠之龙”。

装备山地部队，部署边境地带

据印度当地媒体透露，采购这些 M－777 榴弹炮实际是为满足印度组建山地炮兵师的需要，按计划，这项工作原本应于 2011 年底完成。因此，这项交易本来早就该尘埃落定。可是一桩行贿指控却像“破裤子缠腿”一样把合同折腾了大半年才有了眉目。事情是这样的：2011 年 2 月，有人向印度主计审计长公署（CAG）举报本国国防部在 145 门轻型榴弹炮招标过程中有“暗箱操作”和“行贿受贿”嫌疑，矛头直指“夺标大热门”——M－777 超轻型榴弹炮，该炮由英国 BAE 系统公司设在美国密西西比州哈蒂斯堡的兵工厂生产，涉及 2 000 多个美国就业岗位。

据《印度斯坦时报》报道，泄密文件涉及 BAE 系统公司交付印度陆军在拉贾斯坦邦博克兰沙漠、印控锡金（海拔约 2 743 米）等地测试的 M－777 榴弹炮不达标的内容，其中包括射击精度差、直升机吊挂空运性能与厂商宣传不符、炮管寿命不足等问题。此事一经曝光，迅速引起印度国内强烈反应，有“干净先生”之称的印度国防部长 A.K・安东尼在痛批这一丑闻“无法容忍”的同时，也不忘为 M－777 榴弹炮进行辩护，认为印度向美国购买此类火炮的计划不会受到泄密事件的影响，并暗示这项采购对提升美印军事关系具有指标性意义。经过美印官方和厂商之间的不断沟通与协调，最终在 2012 年 3 月份被 CAG“刀下留人”，以“加强制度监管，防止弊案再现”的名义予以放行。观察人士指出，为了进一步与美国密切军事合作关系，印度政府已然内定要吃下这批美国生产的大炮，印度军方打算把这批火炮部署在与邻国有争议的边境地区，从而取得“不对称技术优势”。

德国 AGM 自行火炮

便宜又轻便：
德国 AGM 自行火炮

文 | 安然

炮兵被称为“战争之神”，但如何让大口径火炮伴随机械化步兵快速机动，或者使其适合飞机空运，以便“全域作战”，这是现代化炮兵面临的重要课题。据法国《每日航宇》报道，克劳斯·玛菲·威格曼公司为德国国防军提供了便宜又轻便的新型火炮——AGM。与之前同样由该公司研制的著名 PzH－2000 自行火炮相比，AGM 火炮打击目标的速度更快、精度更高，并能适应“网络中心战”要求，堪称“火炮杀伤力和战略机动力的完美结合”。

取代 PzH-2000

自从美国的“十字军战士”155 毫米自行榴弹炮项目夭折后，德国克劳斯·玛菲·威格曼公司（KMW）设计制造的 PzH－2000 自行榴弹炮就坐上“最先进自行榴弹炮”的宝座。不过，随着远程投送、快速部署成为武器的核心要求，重达 55 吨的 PzH－2000 在国际军火市场上颓势渐显。德国人意识到需要研制一种“瘦身版”大口径火炮用于替代 PzH－2000。

在经费短缺的情况下，KMW 运用 PzH－2000 的成熟技术，推出了新一代 AGM 自行榴弹炮。通过运用模块化设计，AGM 火炮不仅保留了 PzH－2000 的设计特点和性能参数，还明显减轻了重量。

值得一提的是，这种火炮不仅可发射所有符合北约标准的炮弹，而且 AGM 的模块化炮塔带有标准座圈和通用电气接口，可以安装到任何合适的载体上，包括履带式平台、轮式平台、火车或军舰上。该炮可用 A400M 运输机空运，作战灵活度可谓首屈一指。

正面摧毁主战坦克

155 毫米 52 倍径火炮模块是 AGM 的核心部分，采用了 PzH－2000 榴弹炮的高低俯仰组件、瞄准装置、电气组件和操作设备，弹道计算机兼容北约软件，并配备卫星加惯性混合导航装置，嵌入式测试系统和独立供电系统。

AGM 射击模块重约 12.5 吨，通过配用自动化弹药、底火自动装填装置，炮手可以在乘员舱内完成装填、击发、复进、退弹等一系列动作。架炮、收炮都由液压系统完成动作，乘员可在舱内遥控操作。在野外条件下，AGM 更换炮管约需 30 分钟。该火炮目前使用标准的击发式点火系统配用点火管式底火。为了提高点火性能，还将改用激光点火系统。AGM 配用的炮弹重达 45 千克，炮口初速高达 900 米 / 秒。使用这种炮弹，足以正面摧毁世界上最先进的主战坦克。车长和炮长还拥有全套的光学观察瞄准器材，如车长的全景式昼夜两用潜望式观察镜（带激光测距仪）、炮长的昼夜合一观察瞄准镜等，具有夜间作战能力。

AGM 能发射北约所有的 155 毫米制式弹药和增程弹。自动装填机实现了该炮的弹药装填自动化，从而使其具有每 10 秒钟 3 发的发射能力，并可在较长的时间内保持很高射速。根据验证结果，AGM 能以每分钟 6～8 发的射速进行突击发射，打击固定与机动目标。使用标准炮弹时，有效射程 30 千米；使用增程子母弹时，有效射程超过 40 千米；如果使用南非丹尼尔公司的 VLAP 增程弹，则可达到 56 千米的有效射程。

灵活机动“打了就跑”

AGM 采用了与主战坦克相同的防弹钢板全焊接结构，并在炮塔上增加了装甲组合板，以保护炮塔内的乘员和弹仓免受炮弹和反坦克导弹的攻击。AGM 火炮模组从占领射击阵地到发射首发炮弹所需时间约 30 秒，收炮到开始转移阵地的时间也只需 30 秒。无论该炮处于机动状态，还是已经进入掩蔽射击阵地，火控系统均可以经由无线战术数据链系统获得目标信息，经过电脑处理的目标情报随即转换成射击指令，自动完成射击准备作业，最后一枚炮弹发射后可立即收炮，实现“打了就跑”，当敌军反制炮火到来时早已逃之夭夭，通过频繁的“机动－射击－再机动”避开敌方打击。

车体和炮塔的钢板结构能有效抵御大口径榴弹近距离爆炸时产生的破片和 14.5 毫米口径穿甲弹药的直接攻击。为了对付流行的“顶攻弹药”，可在 AGM 的炮塔顶部选装反应装甲。利用炮车上的设备，乘员可以很迅速地安装反应装甲，在训练时期则可拆下这些附加装备。三防通风装置可使炮车乘员在核生化条件下，不受限制地持续作战 6 小时。炮塔可选装一挺 7.62 毫米口径的机枪，在战斗室内壁附有防辐射和防二次破片杀伤的衬层。此外，内置的自动灭火装置还具有一定的被动防护作用。

据当时的KMW公司发言人介绍，在研制过程中，AGM紧跟信息化时代脚步，将信息化作为其重要战技指标，通过网络联通实现了信息的综合采集、处理与显示，尤其是采用触控式屏幕的AGM火炮控制模组只需两人即可操作，弹药装填系统可根据弹道特性、射程、射角等参数，自动装填所需的发射药。炮组人员可以从外部向储弹仓装弹，自动装填系统内设有全自动的感应引信设定装置，气动式送弹臂会根据炮管仰角控制送弹时的压力，自动将炮弹推进炮膛。火炮操作人员均被安置在与装药仓隔离的战斗座舱内，远离炮弹和弹药作业位置，集中在通信设备、控制系统和导航设备周围便于作业的位置，他们可专心操作这些设备，而不用去操心瞄准、弹药准备、装填等射击操作，从而使炮手能集中全部精力利用战场情报进行作战。据称，KMW公司还会将无人炮塔技术用于AGM，实现无人化智能操作。

瑞典“博福斯”FH-77BD 自行榴弹炮

瑞典“博福斯”
FH-77BD 自行榴弹炮

文 | 吕闻

印度国防部在《2012 财年—2013 财年预算》中拨款 7.53 亿美元用于印度本土生产瑞典博福斯公司的 FH-77B 式 39 倍口径 155 毫米和 45 倍口径 155 毫米牵引式榴弹炮。事实上，自从 1987 年印度陆军购买了 410 门 FH-77B 式 39 倍口径 155 毫米火炮，这些火炮就成了印度陆军炮兵团的主要装备。20 多年后，这些火炮已经破旧不堪，印军急需对火炮系统汰旧换新。

为了开拓印度市场，博福斯公司一直在向印度推荐改进的 FH-77BD 式 52 倍口径 155 毫米自行榴弹炮（FH-77BD/L52），那么，这种新型榴弹炮到底有何“过人之处”呢？

FH-77BD/L52 采用了“沃尔沃”6×6 全地形车底盘。其公路最高速度为 70 千米 / 小时，因此具有良好的机动性。通过对人员和机构的精简（乘员由 10 人减至 4 人），FH-77BD/L52 大大减少了火炮进入和退出作战状态的时间，符合自行火炮“打了就跑”的战术应用原则。

布置在车尾的火炮带有全自动辅助系统，两个液压式助锄，在作战时会自动放下，使火炮射击保持稳定。炮车内配置有 40 发炮弹，其中 20 发为待发弹，其余炮弹以模块化方式存放。自停车起，该炮可在 30 秒内发射出第一发炮弹，其装弹、瞄准和射击都由遥控完成，最大发射速度是 12 秒内发射 3 发炮弹，全部 20 发待发弹可在 150 秒内打光。

FH-77BD/L52 还配置了惯性导航系统和炮口测速雷达，它们可将实时信息传送给车载计算机和火控系统。在火控系统控制下，该炮可通过改变发射仰角和增减推进药的剂量，让 5 发炮弹在 3 秒内命中同一目标，形成“增倍打击”，从而提高对目标的毁伤率。

火炮的最大射程取决于弹药的种类和推进药的选择，常规炮弹的射程是 40 千米，如果采用增程炮弹，则射程可以超过 60 千米。此外，FH-77BD/L52 还安装了直接射击瞄准器，使它可作为直瞄火力，攻击 2 000 米内的目标。

FH-77BD/L52 装甲防护驾驶室带有三防功能。可抵挡一般炸弹碎片的攻击。车头顶部安装有辅助武器（1 挺 7.62 毫米口径机枪或 1 具 40 毫米口径自动榴弹发射器）。

根据印度“野战炮兵合理化计划”，印度陆军计划采购多种型号总计 3 600 门 155 毫米口径榴弹炮，其中部分火炮在印度生产，以装备印度 220 个野战炮兵团中的 180 个。

韩国 EVO-105 车载榴弹炮

简单实用的
韩国 EVO-105 车载榴弹炮

文 — 毕晓普

造手机出名的韩国三星集团，其实也是一家颇具实力的军工企业，特别是在开发火炮方面颇有建树。据日本《战车》杂志报道，继引进三星集团研制的K9履带式自行火炮后，韩国陆军已决定再从三星购买不少于800门EVO－105车载榴弹炮。按照三星的说法，K9与EVO－105堪称炮兵的“高低搭配”，前者充当军师级远程支援火力，后者则更多为团营级部队提供伴随支援，战术灵活性更高。

看准风头，快速研发

21世纪以来，韩国采取扶植民间企业参与国防事业的政策，得益于政府资金扶植与国防部采购倾斜政策，再加上西方国家乐意提供技术帮助，韩国民企研制的军事技术装备如雨后春笋般冒了出来，令人眼花缭乱。虽然这些装备大多带有“山寨”痕迹，但无可否认的是，韩国民企已能够供应绝大多数常规武器装备，令韩国军队具备很强的造血功能，意义十分重大。

具体到炮兵武器，韩国紧跟西方技术风潮。早年法国地面武器集团（GIAT）率先推出基于卡车底盘开发的“恺撒”155毫米车载榴弹炮后，韩国就密切关注。在韩国军方看来，车载炮的战术机动性、反应能力和生存力明显高于牵引炮，而与体大身重的履带式自行榴弹炮（三星K9就是如此）相比，车载炮除了生存力差点，在反应能力、维护和保养、使用成本等方面都要占优。于是，韩国国防部在2010年延坪岛炮战中吃了亏后，决定研制口径在155毫米以下的廉价版车载榴弹炮，强调“部队买得起，用得起，同时能快速压制敌方隐蔽炮位”。

作为老牌国防承包商，三星犹如“春江水暖”之下的“先知鸭子”，于2011年率先投入人力物力实施研发，仅用不到三年的功夫便拿出EVO－105车载榴弹炮，并且不再像K9那样一切都要标新立异，侧重于沿用韩军现有产品，使其装备使用和后勤维护都非常合适。三星负责人表示，有信心将该炮推广到韩国陆军和海军陆战队，同时还向国外出口。

现货组合，可靠实用

EVO－105将22倍口径的105毫米M101A1牵引榴弹炮安装在5吨级卡

车底盘上，并配有导航系统、火控系统等设备，适应现代作战需要。三星技术人员表示，这种设计方法可应用于现役 105 毫米、122 毫米、152 毫米、155 毫米牵引榴弹炮升级，为牵引榴弹炮的现代化改进提供了一种高效费比方案。

该炮采用韩国起亚公司的 KM500 越野卡车，它是韩军标准军用载具，零件供应和后勤维修都非常便利，适合大规模装备。KM500 卡车搭载 6 缸柴油机，最大功率 280 马力，可满足搭载 105 毫米炮、20 发弹药及 3 人战斗小组的需求。为适应火炮射击时产生的巨大后坐力，起亚公司特意对 KM500 卡车的承载大梁进行加固，并对第 4、5 道横梁的位置进行了优化。

EVO－105 车载炮的武器系统直接沿用美国军援的 M101A 式 105 毫米榴弹炮，该炮诞生于二战，但因为结构坚固，火力凶猛，仍在许多国家服役。三星为车载炮准备的 M101A 榴弹炮实际是韩国本土生产的最新型号，已对炮架、身管、复进机构和高低机进行优化和结构加强。火炮身管用高强度合金钢制成，有较高的强度，同时也提高了身管的使用寿命。方向机和平衡机手柄为轮盘式。火炮的瞄准装置包括周视瞄准镜和直接瞄准镜，其中周视瞄准镜装在火炮左侧，直接瞄准镜装在火炮右侧。瞄准装置配有照明光源，以便在不良天候下操作。EVO－105 车载炮发射北约制式的 105 毫米榴弹，射程超过 11 千米，方向射界为－90 度至 +90 度，高低射界为－5 度至 +65 度，最大射速 10 发 / 分。

EVO－105 车载炮的后货箱被改成控制室，安装了 GPS 定位系统、炮控指挥系统、跳频保密通信器材以及区域联网指挥系统。当车辆处于行军状态时，可根据 GPS 提供坐标预设发射阵地，并将炮射信息提前输入火控系统。在火炮进入战位后，各项数据立即进行二次精度确定，对车身姿态、炮架角度、横风速度等进行二次调整，然后就可以开火，从行军状态到射出首发炮弹，可在一分钟内完成。

进入发射状态后，EVO－105 车载炮既可单炮作战，也可分布式集群作战。火炮可发射高爆榴弹、穿甲弹以及烟幕弹等多个弹种，应对不同战术打击任务。

填空补缺，反映方向

客观地说，三星研发的车载炮与别国车载炮相比仍显粗糙，只是基本的“卡车 + 火炮”拼凑，但好处是各个子系统非常成熟，可快速投入生产，对提高韩国炮兵机动性颇有帮助。按照韩国陆军的设想，朝鲜半岛以山地为主，陆路交通严重依赖几条主干道，几十吨的履带车辆无法全域到达，因此轻便灵活的 EVO－105 车载炮起到不错的“填空补缺”的作用。

放眼全球，因为作战效能性价比高，轮式战斗装备大有取代履带装备的趋势。美军著名的斯特赖克中型旅级战斗队（SBCT）就全面普及轮式战车，法国“恺撒”系列 155 毫米口径车载炮更是出口到多个中东国家。而在韩国，随着韩国军队日益强调快速机动和支援海外行动的能力，类似三星 EVO－105 车载炮这样的轻便装备将成为今后采购的重点。

芬兰 NEMO 自行迫击炮

芬兰 NEMO/AMOS 系列 自行迫击炮

已经问世超过百年的迫击炮通常被认为是一种“简单武器”，然而芬兰人研制的 NEMO/AMOS 系列自行迫击炮凭借其“不简单”的威力，逐渐展现出独特魅力。有消息称，多个欧洲国家纷纷考虑引进这种灵活高效的武器系统。事实上，面对复杂多变的未来战场，具备弹性多功能的武器系统往往能发挥奇兵效果。

据悉，瑞典、挪威、波兰等参与阿富汗反恐维和作战的欧洲国家都购买或决定引进芬兰人几年前开发的NEMO/AMOS系列自行迫击炮，理由是它就像诺基亚手机一样坚固耐用，同时又能在任何需要的时候“打得响，打得准”。一名试用过该型号迫击炮的瑞典军人表示：“只有适合你的，你才可能热爱，而NEMO/AMOS迫击炮就属于最适合军人的简单武器，只需一个炮兵单元就能全搞定。”事实上，NEMO/AMOS系统可灵活部署在装甲车辆或突击快艇上，能神出鬼没地为缺乏现场火力突击的部队提供“随叫随到”的支援。

NEMO，实际是英语“未来迫击炮系统”的缩写，由芬兰帕提亚公司开发，整个火炮装置被整合到一座无人炮塔里，炮塔有装甲保护，外观非常紧凑，而且简洁的线条还有不错的隐身设计考虑。NEMO迫击炮塔净重不过1.65吨，可方便地安装在各类水陆作战平台上，不仅是装甲车，就连诸如瑞典CB-90突击快艇、英国水猫M12突击艇等西方军界常用的特种水上突击船只也能部署。NEMO可以360度环射，射击仰角为-3度到+85度，可以发射瑞典博福斯公司研制的“斯特里克斯”（Strix）智能炮弹，并在30秒内完成进入射击位置—发射—转移等步骤，生存力极佳。同时，NEMO采用半自动装填系统，最高射速达到10发/分，有赖于精密的火控系统，它可以实现高难度的“多发同时弹着”（MRSI）技巧，即第一发炮弹以极高仰角发射后，下一发炮弹会延迟数秒，并以较少的推进药及较低仰角发射，可是这发炮弹却能和上一发炮弹近乎同时落在目标头顶，如此一来，再坚固的目标也会被炸成齑粉，其打击准确性和杀伤力自然是传统迫击炮所无法比拟的。

似乎是要把迫击炮灵活便捷的优势发挥到极致，芬兰人还进一步演绎NEMO，诞生出更加凶猛的AMOS，它是英语“先进迫击炮系统”的缩写，由芬兰万摩斯（Vammas）公司和瑞典赫格伦公司（已被英国BAE系统公司兼并）联合开发，它同样是迫击炮塔的构型，但因增加一套火炮装置，所以净重增加到4.45吨，适装对象也限制为20吨左右的车辆，否则巨大的后坐力容易把平台掀翻。AMOS同样能360度转移火力，射击仰角范围也和NEMO一致，可兼顾直射和仰射，因为AMOS的双管炮继承了NEMO的所有弹道及火控特征，因此上文提到的“MRSI杂技”也能耍起来，况且因为单一炮塔的火力投送效能翻倍，其对固定目标的打击力也更加凶猛。

按照西方防务专家的看法，NEMO/AMOS系统旨在取代行将就木的团属105毫米口径榴弹炮，因为105毫米炮结构仍嫌复杂，对一线步兵的火力呼叫又不能及时反应，而 120 毫米口径的迫击炮弹的装药量明显超过 105 毫米榴弹（即便与东方规格的 122 毫米榴弹相比也毫不逊色），击中目标爆炸时便产生高温、冲击波和破片，可以在瞬间消灭敌方有生力量，此外，迫击炮对掩蔽物后方的目标最具杀伤力，因为它的抛物线弹道不受掩蔽物遮挡，爆炸产生的大量碎片也毁伤掩体内的人员和设施。可见，芬兰人在开发新装备上确有先见之明。据报道，芬兰陆军已订购 60 余套 NEMO/AMOS，而惯以挑剔著称的瑞典皇家陆军也主动选购 12 套 AMOS，甚至准备将它部署到海岸巡逻快艇上，以对付秘密渗透的敌方小股海上特种部队。

斯洛伐克 RM–85 轻型火箭炮

斯洛伐克
RM–85 轻型火箭炮

文 | 萧萧

驻阿富汗北约安全稳定部队由来自不同国家的军队组成，各国部队难免把各自的先进武器拿来攀比一番。据报道，一些中东欧国家军队就列装了来自斯洛伐克 ZTS 公司的 RM－85 轮式轻型火箭炮，其展开能力、远射程和强大火力让美国大兵也大为惊叹。

据介绍，RM－85 火箭炮驾驶舱内安装了数字化火控系统和目标瞄准系统，并大幅提高弹药装填和发射装备的自动化程度。TALIN－3000 三轴炮载导航系统可以提供己方阵地诸元，每次发射前火控计算机可自动识别弹药型号及其弹道特性，建立理想的射击弹道，大大提高射击精度。新增的 RF－13 数字通信系统，可为炮兵射击指挥中心提供安全的数据和语音通信，以及气象数据，为 RM－85 轻型火箭炮系统提供了可靠的技术保障。

新研制的模块化发射箱采用整体结构，便于存贮和运输。发射箱长 4 015 毫米，宽 1 016 毫米，高 686 毫米，净重 1 150 千克，装弹时重 3 100 千克。火箭弹发射箱内共有 6 根 227 毫米口径的发射管，这些发射管可重复使用 10 次，其机械接口与美军 M270 火箭炮上的接口一致，因此也可以使用 M270 的弹药。位于发射车驾驶舱后面的车载起重机系统可自动为发射箱装填弹药，一名操作人员可以在有装甲防护的驾驶舱内完成弹药装填。

与传统火箭炮系统相比，RM－85 多管火箭炮系统拥有几大优势：可以发射 122 毫米口径的制导 / 非制导火箭弹和美国 M270 多管火箭炮发射的 227 毫米口径的非制导火箭弹，就连美国陆军的战术导弹（ATACMS）也可以装填发射，可以适应多种作战用途；由于采用标准的模块化设计，RM－85 火箭炮可快速完成备战动作；高度自动化的弹药装填流程，只需一个人便可完成操作，省时省力。

自 2007 年服役以来，RM－85 火箭炮参加了多场海外部署行动，获得广泛好评。据报道，该炮一般以连或排为基本作战单元，在出发命令下达后 18 小时内即可由飞机空运到全球任何地点。完成射击准备后，RM－85 火箭炮可在 30 秒内打完所有火箭弹，其单炮瞬间火力压制能力相当于一个标准的 155 毫米口径牵引榴弹炮连（6 门）。如果用 RM－85 火箭炮发射美制 ATACMS 战术导弹，可以打击 165～300 千米外的纵深目标。

阿联酋“约巴龙”火箭炮

超级大炮车：“约巴龙”火箭炮

文 | 韩伟

在各国的武器库中，兼容多种口径弹药并采用模块化装填的火箭炮并不少见，但阿联酋塔瓦尊公司出品的“约巴龙”多口径齐射火箭炮却有着独特的魅力。这种拥有 240 根发射管，重达 105 吨的轮式自行火箭炮在威力和重量方面都堪称史无前例。据说其用途是“以陆制海”，防范宿敌封锁波斯湾。

“拿来主义”的代表

众所周知，阿联酋是国际军贸市场上的优质客户，“不问价钱，只问档次”让各国军火商趋之若鹜。可是阿联酋的主政者也很明白“军队现代化是买不来的”，所以在积极引进先进武器的同时，也根据本国防务需求进行装备研制。“约巴龙”就是其“国防自主”运动的典范。

据阿联酋《海湾时报》介绍，塔瓦尊是一家得到时任总统兼武装部队总司令扎耶德特批的军工托拉斯，公司拥有数十亿美元，不仅招揽各国军工人才，采购各国军备技术，还扶植本国武器制造业。该公司开发的“联合-40”大型无人侦察机甚至被俄罗斯看中，试图向其购买专利。

本文的主角——“约巴龙”火箭炮则是塔瓦尊公司“拿来主义”思路的代表。它以土耳其 Rocketsan 公司开发的模块化火箭炮系统为基础，通过购买专利试制而成。有意思的是，也许是阿联酋在国际军火市场上对“约巴龙”的宣传中屡屡强调“自主研发”，令土耳其 Rocketsan 公司感到不满，曾有该公司的代表暗带嘲讽地说：“We designed，we made，they says”（我们设计，我们制造，他们宣传）。

天生超重的“重炮”

且不论“约巴龙”的出身如何，单就各项参数来说，该型火箭炮确实算得上“杰作”。它全长 29 米，宽 4 米，高 3.8 米，从驾驶舱向后，依次是发电机舱和发射平台。由于发射系统全重和尺寸都超过普通军用车的拖曳能力，塔瓦尊公司选用美国奥什卡什公司为运输 M1A2 主战坦克而开发的 M1070 式大马力载重卡车作为底盘。整个系统的重量达到 105 吨，几乎与常规炮艇的重量相当。

需要强调的是，“约巴龙”的作战全重实际上超过 M1070 的载重极限。因为美军使用 M1070 拖带的 M1A2 坦克不超过 70 吨，即便算上拖车自重，也不超过 93 吨，所以 105 吨的“约巴龙”采用 M1070 底盘仍有“动力不足”之嫌。不过，阿联酋人却表示美国车“像骡子一样硬朗”，在道路条件良好的情况下，少量超载不会对拖车造成太严重的损害。

“约巴龙”火箭炮的发射平台上最多可布置 4 个转塔，每个转塔都有独立的方向机和高低机，上面架设 3 个 20 管火箭储运 / 发射箱，它们构成世界上管数最多的自行火箭炮。该炮的自动化程度很高，战斗转换只需要 3 名乘员——车长、炮长和驾驶员。炮长的操作台设在车内，只需要一台军用电脑就可以完成所有的数据接收、处理和发射工作。

“约巴龙”虽然有 4 个旋转火箭发射塔，但只能瞄准同一个目标，不能像战舰上的炮塔那样具有独立瞄准能力，在发射的时候，各炮塔轮流发射，这样可以把火箭尾焰的冲击力尽量分散。

据介绍，“约巴龙”火箭炮能同时兼容两种口径的火箭弹（107 毫米和 122 毫米）。其中，107 毫米 TR－107 火箭弹的射程超过 11 千米，而 122 毫米 TR－122 火箭弹的射程则达到 16～40 千米。两款火箭弹都有高爆战斗部和装填钢珠的杀伤战斗部，TR－107 的杀伤半径为 14 米，TR－122 的杀伤半径可达 20～40 米。

顺便说一下，毕竟“约巴龙”火箭炮属于“高端武器平台”，塔瓦尊公司还将其作战系统分解，单独推出基于美国悍马军车底盘的 24 管 107 毫米自行火箭炮，以及采用美国 6×6 战术卡车底盘的 20 管或 16 管 122 毫米自行火箭炮。它们均被称为“袖珍约巴龙”。另据报道，塔瓦尊公司还打算为“约巴龙”火箭炮发展出“远程火力版”，即换用射程超过 100 千米，杀伤半径超过 70 米的 300 毫米火箭炮模块，以加大威慑效应。

而为了提供持续火力，塔瓦尊公司还用相同的底盘研制出火箭装填车，车上设有 2 部吊车和 12 个待发弹箱。装填时，装填车和发射车并排停在一起，吊车把空弹箱卸下丢弃，把新弹箱吊起来垂直落到高低机托架上锁紧。不过需要指出的是，同样采用弹箱式装填技术的美国 M270 火箭炮采用导轨式装填，弹箱从前方插进高低机的轨道后锁紧。轨道式装填虽然速度较慢，但机械误差更小，更容易保证定向器和高低机、方向机的指向一致性。因此，“约巴龙”可能在对接装填精度方面存在不足。

用弹雨“淹没”敌船？

“约巴龙”尽管属于自行火箭炮，火力也极为凶猛，但由于太大、太重，几乎不可能在野战中快速展开，其使用的 122 毫米火箭弹最大射程虽然可以达到 40 千米，但在现代先进火箭炮中仍属于近程火箭炮的范畴。那么阿联酋陆军究竟会如何使用“约巴龙”火箭炮呢？

从公开信息看，阿联酋北临波斯湾，海岸线长达 734 千米，还与伊朗存在霍尔木兹海峡三岛的领土纠纷问题。面对紧张的地区安全形势，特别是伊朗革命卫队密集列装的快速攻击艇所带来的“不对称威胁”，阿联酋很可能打算用火箭炮的“大面积覆盖射击”威慑那些来去如风的小艇。毕竟“约巴龙”的一次齐射理论上可覆盖打击 30 万平方米，只要粗略瞄准，射程内的小艇将难逃灭顶之灾。

至于“约巴龙”的庞大车体是否适合野外机动，对阿联酋来说，伊朗空军的战机都是几十年前的老旧型号，加上自己又有美国“大哥”罩着，“约巴龙”不需要很强的越野行驶能力，只要能在公路和沙漠地带机动就足够了。显然，这种庞然大物是特定需求催生的结果。

韩国 MLRS 自行火箭炮

韩国 70 毫米
MLRS 轻型自行火箭炮

文 | 安然

为对付邻国的“火海战术”，韩国陆军也在营造自己的“火海利器”。据俄罗斯《军火库》杂志报道，韩国民营的韩华公司已向军方交付一款口径 70 毫米的自动化轻型齐射火箭炮（MLRS），其机动灵活的打击效果让许多人感到诧异。

据介绍，韩华公司研制 70 毫米齐射火箭炮始于 2000 年，主要目的是为韩国陆军提供一种团级火力支援武器。最初的设想是设计一种人工操作的轻型火箭炮，但韩国陆军认为人工操作的不能满足要求，于是韩华公司从2002年起又转为研制配有全自动火控系统的轻型火箭炮。从公布的资料看，改为全自动后，操作人员从4人降至2人，火箭炮也减少了8个发射管，但装弹和整备时间也大大缩短。

每辆MLRS炮车就是一个发射单元，它由4×4高机动轮式车、火控系统、32管装甲火箭发射器、发射转塔等组成，全重3 860千克（不含火箭弹），火箭发射器方向射界360度，俯仰角0～55度。由于重量较轻，所以该炮可用韩国空军装备的C－130H、CN－235M运输机及韩国陆军装备的CH－47D、UH－60P进行空运，具有极好的战术机动性。

火控系统由驾驶室内安装的高精度轻型GPS接收机、激光测距仪、火控面板等组成。为了进一步提高命中精度，火箭炮车上还装有多种传感器，如在后轮上方装有车辆位移传感器，在发射箱左侧装有惯性导航传感器等。所有传感器都通过数据线与火控系统相连，通过火控系统的修正，MLRS火箭炮的瞄准精度小于4密位。

在弹药方面，MLRS火箭炮可发射韩国自行研制的70毫米火箭弹和美制"九头蛇"系列70毫米火箭弹。目前配用的弹种主要包括高爆弹、多用途子母弹和箭形弹。其中高爆弹主要用于对付有生力量和土木工事，最大射程7.8千米，有效杀伤面积500平方米。多用途子母弹用于打击有生力量和轻型装甲目标，最大射程8千米，内装9个子弹药，子弹药可穿透90～120毫米厚的均质钢装甲。箭形弹主要用于打击低空飞行的固定翼飞机、武装直升机和地面有生力量，内装60颗子弹药（每颗内装20枚箭形弹），最大射程6千米，战斗部爆炸时，1 200枚小型钢箭散布直径为35米。除上述三种火箭弹外，韩华公司还在研制一种制导火箭弹，制导方式有激光、GPS和红外。估计该弹借鉴了美国"九头蛇"70毫米制导火箭弹技术，圆概率误差为1～2米。

MLRS火箭炮既可进行直瞄射击又可进行间瞄射击，因此可以打击位于隐蔽物后方的目标，也可打击近岸高速小型舰艇。MLRS火箭炮的作战过程为：发射车机动到发射阵地后，放下车尾部的两个支撑大架；火控系统同时解读目标信息和解算射击诸元，然后装定火箭弹；发射箱自动调整俯仰角和方位角后自动点火发射。由于采用全自动火控系统，MLRS火箭炮能在极短时间内覆盖大范围的敌方目标。

以色列索尔塔姆新型火炮

以色列
两款新型火炮

文｜萧萧

在国际防务市场上，以色列军工业的嗅觉异常敏感，经常在市场需求初露端倪之际就推出合适的产品。以色列埃尔比特系统公司下属的索尔塔姆公司就推出了两款针对新形势地面作战需求而设计的新型火炮：其一是可用轻型车辆搭载的“标枪”迫击炮，另一款是采用卡车底盘的ATMOS改进型自行榴弹炮。

低后坐“标枪”迫击炮

“标枪”是索尔塔姆公司专为轻型轮式车辆底盘研制的先进迫击炮系统，采用专利设计的“软后坐”结构，能将 120 毫米口径迫击炮的射击后坐力从 120 吨降至 10 吨以下。此外，“标枪”的射速高达每分钟 15 发，且圆概率误差（CEP）仅 30 米。

事实上，“标枪”是索尔塔姆公司开发的 CARDOM 系列迫击炮的“2.0 版”，通过在反恐战争中的实战验证，CARDOM 迫击炮已被证明是一款性能杰出的迫击炮。美军就采购了 320 门 CARDOM 迫击炮，安装在“斯特赖克”轮式装甲车上。

索尔塔姆公司把“标枪”迫击炮改装在一辆经修改的悍马高机动车底盘上，并已进行大量射击测试。由于整套系统的重量轻，能利用直升机吊运或用战术运输机空运。更重要的是，“标枪”迫击炮只需 60 秒就能从行军状态进入发射状态，并在相同时间内撤出战斗。

据称，以军已决定在 M113 装甲车底盘上安装“标枪”迫击炮，并集成先进的全数字化自动瞄准与导航系统，使得该炮不需要像传统迫击炮那样先获得外部瞄准基点再开火，而是直接进入全自主作战。

改进型 ATMOS 火炮

ATMOS 是“自动化车载榴弹炮系统”的英文缩写，顾名思义，这是一种采用卡车底盘的 155 毫米自行火炮。据介绍，该炮具有重量轻、行驶里程远、速度快等特性。

索尔塔姆公司表示，ATMOS 是该公司发展的模块化自行火炮家族，可根据客户需求选用 6×6、8×8 等不同型号车辆作为底盘，配套的 155 毫米榴弹炮也有 39、49、52 倍径等多种炮管可选。

公开展出的改进型 ATMOS 自行火炮采用捷克“泰托拉”卡车底盘和 52 倍径炮管，具有较强的火力、机动力和快速反应能力。该炮发射“远程全膛底排弹”（ERFB-BB）时，射程可达 40 千米；发射北约 L15 高爆弹时，射程为 30 千米；发射 M107 高爆弹时，射程为 24.5 千米。搭配装弹辅助装置后，该炮能在 60 秒内打出 6 发炮弹。

改进型 ATMOS 自行火炮拥有装甲车厢，能有效保护车上的 5～6 名乘员，车厢内能容纳乘员的全部装备。得益于车上配套的集成电子设备，该型火炮能够快速应战，打了就跑。同时，配套的半自动装填系统也减少了需要的作战人员。

据悉，索尔塔姆公司的 ATMOS 系列自行榴弹炮目前已被销往 4 个国家，分别是阿塞拜疆 5 门、喀麦隆 18 门、泰国 6 门和乌干达 6 门。索尔塔姆公司正计划加强推销力度，以期获得更多订单。

俄陆军“石勒喀河”自行高射炮

俄陆军
“石勒喀河”自行高射炮

这年头，“行业串门”大行其道，兵器领域也不例外，大批专用武器根据军队需求大胆创新，在与设计初衷完全不同的作战场合发挥出巨大威力。俄军独立第36摩步旅列装的ZSU－23－4“石勒喀河”自行高射炮就是此类武器中的典型。原本作为防空武器的它们，如今更多地用于地面作战，既可依靠高速弹丸摧毁坚固工事，又能通过倾泻密集弹雨压制敌方步兵，许多俄军官兵亲切地称该炮为“不可逾越的火河”。

诞生于“冷战”时期

“石勒喀河”的诞生与“冷战”时期美、苏互为假想敌的陆军发展思想密切相关。当时，苏联坦克集群在欧洲地区占据数量优势，美国和北约则积极发展航空兵低空突防战术应对。有鉴于此，苏联陆军急需一种性能优良的现代化自行高射炮。

20世纪60年代，苏联国防部炮兵总局、装甲坦克总局与重工业部协商决定研发新型小口径自行高射炮，为摩托化部队提供防空保障，相关设计参数是：可打击速度低于660米/秒，高度在100～3 000米，距离不超过4 500米的空中目标。这种自行高射炮的研制任务被交给了图拉仪表设计局（KBP），并于1966年开始装备苏联陆军，代号ZSU－23－4“石勒喀河”。

该型自行高射炮采用苏联著名的PT－76水陆坦克的底盘，配装水冷式AZP－23四联装23毫米机关炮，最大射速为每分钟3 400发（每根炮管每秒发射14发炮弹），水平射程是7 000米，垂直射程为5 100米，通过雷达制导的对空有效射程为3 000米。该炮可使用两种炮弹：其一是用于攻击飞机和直升机的高爆杀伤弹（弹头重约0.189千克），其二是攻击地面目标的穿甲/燃烧弹，能击穿500米处25毫米厚均质装甲。

“石勒喀河”炮车战斗全重20.5吨，车体长6.49米，宽3.08米，高2.63米，乘员编制4人，采用V－6R柴油机（功率为280马力），储油250升，最大公路行程260千米，最大公路速度44千米/小时，具备核生化三防能力，并配备R－123无线电台。

由于造价较高——一辆“石勒喀河”自行高射炮的生产成本相当于两辆T－62主战坦克，该炮早期只装备苏联驻东欧的摩托化步兵团和坦克团，直到

20世纪70年代后期才开始在西伯利亚、中亚及远东的苏联驻军中普及。

需要高素质乘员

“石勒喀河”的4名乘员分别是驾驶员、雷达操作员、测距员和指挥员（车长）。除了驾驶员有单独的驾驶舱（位于车体左侧），其余3人都在炮塔内。驾驶员和车长都配有连接陀螺仪的导航设备，可以确定车辆位置和行进方向。火炮控制系统由4个基本部件组成：“炮盘”雷达、光学瞄准具、模拟计算机和水平/垂直双向稳定器。

俄罗斯陆军的一项研究显示，“石勒喀河”完成一次防空作战（从最初的目标捕捉到完成雷达制导打击）仅需约6秒钟。无论采用雷达制导射击还是手动射击，“石勒喀河”对低空飞机的毁伤效果都非常惊人。

不过，曾对缴获的“石勒喀河”自行高炮进行测试的美国和以色列却拿出了不同的数据——普通车组从捕捉目标到实际开火需要20～30秒。考虑到普通喷气式攻击机（飞行速度725千米/小时）通过“石勒喀河”的火力杀伤区（5千米）仅需25秒钟，直升机等低速目标（飞行速度290千米/小时）也能在60秒内通过其杀伤区，要发挥“石勒喀河”的防空能力，车组人员必须经过良好训练，可以迅速捕捉和识别目标，以便有足够时间完成火力打击。

多次经历实战考验

在过去的几十年间，“石勒喀河”自行高炮曾多次经历实战考验。在1973年的“赎罪日战争”期间，埃及和叙利亚陆军装备的“石勒喀河”自行高射炮对以色列战机构成严重威胁。1975年，越南民主共和国（北越）发起推翻南越当局的“胡志明战役”，“石勒喀河”又出现在北越第237高炮团中，成为掩护北越坦克军团向西贡（今胡志明市）推进的重要力量。

进入21世纪后，老骥伏枥的“石勒喀河”依然雄风不减。2008年俄格南奥塞梯战争期间，俄军独立第22特种任务旅和第58集团军的一个防空营率先攻入南奥塞梯首府茨欣瓦利市区，与格鲁吉亚王牌第4旅发生巷战，为遏制格军援兵，俄军将多辆“石勒喀河”炮车开上市郊1134和1475高地，用凶猛的火力封锁了进入市区的通道。战后，俄军发现被格军遗弃的大批装甲车和皮卡，其中一辆土耳其制造的轮式装甲车几乎被 23 毫米炮弹打成筛子。在 2014 年发生的叙利亚内战中，叙政府军与叛乱武装围绕北部名城阿勒颇展开长时间拉锯战，叙军就利用“石勒喀河”自行高射炮仰角大的特点，将其与多辆 T－72 坦克搭配使用，对任何射出子弹的建筑进行火力压制，使叛军几乎没有还手的机会。

正因为“石勒喀河”在实战中的出色表现，许多拥有该炮的国家仍在研制该炮的改进型。据俄《技术与武器》杂志介绍，图拉设计局研制的 ZSU－23－4M 改进型“石勒喀河”高射炮已小批量装备部队，它在炮塔后部加装两个升降臂，每个升降臂上有三枚“针－S”型近程地空导弹。波兰也推出 ZSU－23－4MP 型“石勒喀河”高射炮，该炮后部加装了可仰角发射的两个导弹发射舱，每舱配备两枚“雷声－2”地空导弹。ZSU－23－4MP 还换装新型光电搜索探测系统，目标探测距离增至 8 000 米。

俄“舞会-E”岸防导弹系统

俄“舞会-E”
岸防导弹系统

文｜林峰

俄罗斯拥有长达 3.4 万千米的海岸线。早在“冷战”时期，面对以美军航母战斗群为首的北约海军威胁，当时的苏联认识到必须发展射程远、威力大的岸防导弹系统作为遏制敌人海上进攻的重要屏障。苏联解体后，俄罗斯更加重视岸防导弹的研发工作，相继装备了“舞会–E”“棱堡”和“俱乐部–M”等三种机动式岸防导弹系统，其中“舞会–E”具有独特的作战优势。

研发背景

在沿海国家的军事战略中，海岸防御一直占据着相当重要的位置。苏联是最早发展海岸防御系统的国家，先后研发并装备了“活火山”“多面堡”和“边界”等多种机动式岸防导弹系统，成为遏制北约海上入侵的主力装备。

时至今日，随着舰载电子设备、防空系统和火力攻击系统的迅速发展，对岸防导弹系统的作战性能要求也更加严格。现代化的岸防导弹系统能在敌舰无法预知的方向及舰载雷达探测范围外发起远程精确打击，之后能在短时间内迅速转移阵地，并做好二次攻击准备。

20 世纪 90 年代末，莫斯科机械制造设计局牵头研发了新一代岸防导弹系统——“舞会–E”机动式岸防导弹系统（以下简称“舞会–E”）。2004 年 9 月，“舞会–E”顺利通过试验。2011 年 11 月，该系统被正式编入里海区舰队岸防导弹分队的作战序列。

系统构成

每套“舞会–E”系统包括：4 辆玛兹–7930 型导弹发射车、2 辆指挥控制车、4 辆运输装填车、1 辆通信车及配套的雷达设备。每辆发射车上安装有 8 联装导弹发射管，一次可齐射 8 枚 Kh–35“天王星”反舰导弹。按此计算，4 辆发射车可在几秒内齐射 32 枚导弹。此外，4 台运输装填车还携带有 32 枚备弹，用于二次发射。该系统发射准备时间只需 5 分钟，一次齐射完毕后装填弹药至第二次发射，需要约 30 分钟。

2003 年开始服役的 Kh–35 是俄新星设计局于 20 世纪 80 年代研发的通用型反舰导弹。该弹不仅可从陆基发射车发射，还能从水面舰艇、舰载直升机或战斗机上发射，能有效打击5 000吨以下的水面舰艇。该弹的外形与美军“捕鲸叉”反舰导弹十分相似，弹长3.85米，弹径0.4米，弹体采用常规气动布局，十字形折叠翼外加长尾翼，弹体下方采用梯形进气道，其动力系统采用涡扇发动机，尾部还串列配置一台固体燃料助推器。

Kh-35最大射程130千米，最大飞行速度0.8马赫，搭载145千克成型装药高爆弹头。该弹采用“惯性制导+末端主动雷达制导”复合式制导系统，在弹体头部安装了一台ARGS-35型X波段主动雷达，用于探测和锁定目标，还能确定其方位角、高低角及距离等坐标参数，向制导系统分发相关信息。由于还安装有高精度无线电测高仪，Kh-35在弹道中段的飞行高度仅为5～10米，具备较强的掠海突防能力，非常适合攻击高速航行中的水面舰艇。

指挥控制车是“舞会-E”的“大脑”，其核心部分是雷达探测设备。该车的雷达系统可选用有源或无源信道对目标进行探测，可探测包括隐身舰艇在内的各种海上目标。此外，指挥控制车还能接收来自观测站、预警机等信息源的数据。

“舞会-E”的通信车不仅具备较强的通信处理能力，还搭载有信息处理系统和信息加密系统。在作战时，通信车可为指挥车提供稳定的通信信道和数据传输，还能从上级指挥所和其他外部侦察设备获取作战情报。

作战运用

“舞会-E”具备多种独特的作战性能优势。一是平台机动能力强，可实现快速部署。该系统使用的玛兹-7930型底盘的公路最大时速60千米，越野行驶最大时速20千米，最大行程850千米。二是导弹射程远、防护面积大，可为350千米长的海岸线提供防御保护。三是可实现隐蔽性部署。系统所属的各个作战单元均可部署在各种掩体中，不会对系统的作战效果产生负面影响。

此外，“舞会-E”采用的有源/无源信道高精度雷达能在干扰背景下，隐秘地完成搜索、跟踪和锁定海面目标等任务。分布式雷达信道则使系统能在无源模式下完成对目标的三角测量、定位，之后再由指挥控制车向各个发射车分配打击目标，随后“舞会-E”导弹发射车可在几秒内完成对目标的打击，并会根据作战信息反馈，判断是否需要进行二次打击。

“舞会－E”还能根据不同的作战环境和不同类型目标选择单发或齐射模式。例如，在攻击小型舰艇时，可选择单发模式，而在攻击驱逐舰级别的大型战舰或多艘战舰组成的舰艇编队时，系统会选择齐射攻击模式。4 辆发射车齐射 32 枚 Kh－35 反舰导弹只需 3 秒，可形成强大的集群火力，目前各国海军现役舰艇所配备的大部分舰载防空系统都无法在如此短的时间内同时拦截 32 枚导弹。

由此可见，“舞会－E”的作战应用前景十分广阔。未来，该系统还可以借助远程巡逻机或无人机下加装的目标指示设备，进一步提高对目标的探测精度。“舞会－E”系统列装后可为俄海岸防御竖立起一道新的“坚实屏障”。

坦克战车

“超级猫”

“超级猫”
轻型高防护巡逻车

文 | 陆庆峰

在 2012 年的欧洲防务展上，英国苏帕凯特公司展出了最新量产型“超级猫”轻型高防护巡逻车。据介绍，“超级猫”是专为英军设计的反地雷巡逻车，具有超强道路通行能力和“价格优势”，已完成测试里程 2.1 万千米，可靠性高达 96%。

战场催生“超级猫”

在美国发动的阿富汗战争和伊拉克战争中，英国都是坚定的跟随者。虽然多国联军很快就击败了塔利班武装和萨达姆军队，但在随后的日子里，却陷入了游击战的泥潭。尽管对手只有步枪、迫击炮、地雷和“路边炸弹”，却造成了严重伤亡和大量装备损毁。为了减少伤亡，美国率先研制出一种新装备——防地雷反伏击车，并装备部队。

可是英军直到 2009 年 7 月才开始装备美军淘汰的“爱斯基摩犬”装甲车，让征战阿富汗的英军感到寒心。为解燃眉之急，英国国防部紧急提出“轻型高防护巡逻车”项目，期望研制一种新的轻型高防护巡逻车，预计采购数量约 400 辆。经过一番选型测试，苏帕凯特（Supacat）公司的“超级猫”（SPV400）4×4 轻型防护车表现出色。

外形有点“卡哇伊”

与许多外形峥嵘的同类装甲车相比，“超级猫”外形丰满，棱角不多，看起来有点“卡哇伊”。有消息称，苏帕凯特公司希望这种外形能够有助于前线官兵缓解紧张情绪。

“超级猫”的结构布局与常见的运动型越野车相似——最前面是动力装置，之后是乘员舱和载员舱（两舱连通）。由于该车专为英军设计，所以采用右置驾驶席，车长座在左侧，都配备了安全气囊和液晶显示面板。在驾驶舱前面是大面积防弹风挡，两侧车门装有防弹观察窗。驾驶席配备液压助力方向盘、GPS 设备，车长席设有无线电台等设备。

载员舱以面对面方式设有 4 个座椅（每侧 2 个），载员舱后有两扇左右开启的尾门。在载员舱的顶棚上有一个圆形座圈，可以安装遥控武器站。根据实战状况，驻阿富汗英军认为遥控武器站采用 7.62 毫米口径或 12.7 毫米口径机枪就足以完成火力压制和支援任务。

防护能力是关键

高防护巡逻车的第一要素是防护力。英国国防部为“轻型高防护巡逻车”制定的技术指标是防护力大于北约 STANAG4569 级防护，即能抵御 7.62 × 51 穿甲弹（枪口初速每秒 930 米）在 30 米外射击、155 毫米口径高爆榴弹在 60 米外爆炸的破片和 8 千克装药的反坦克地雷。

该车全面采用 V 形车底、弹性防地雷座椅和高底盘等防护设计。与一般的浅 V 形车底不同，SPV400 的 V 形车底相对较深，当地雷在车底爆炸时，气浪沿着 V 形车底均匀扩散，使车底不被击穿；车内乘员座椅不是固定在底盘上，而是采用悬挂方式。当车体遭遇过强震动时，座椅与车体的弹性连接件会碎裂以吸收震动，从而避免乘员被震伤。由于车内座椅都采用特殊装甲材料制造，可以避免因爆炸导致座椅变形或产生破片伤及乘员。为了增强防护力，苏帕凯特公司甚至不惜降低该车的有效载重（只有 1 500 千克）。

就防护效果而言，该车与美军新一代联合轻型战术车辆基本相当，防御爆炸冲击型地雷相当有效，但要防御采用爆炸成形弹丸的反坦克地雷就略有不足。

机动能力很出色

考虑到战场地形恶劣，英国国防部要求新型装甲防护车必须具有良好的机动能力，能在简易道路甚至无路的地形上通行。而苏帕凯特公司就是靠高机动车和全地形车起家的，因此在 SPV400 的机动力设计上可谓驾轻就熟。

该车采用康明斯 4.5 升 4 缸直列涡轮增压电控中冷柴油机，额定功率 185 马力，最大扭矩 700 牛顿 · 米；动力分配方式为永久全时四轮驱动（通过传动机构将动力均匀分配在四个轮子上，特点是车辆操控能力强、抓地力好，不容易出现转向不足、车轮打滑等现象），并且装有电子控制中央差速器锁；传动装置采用阿里逊 2500 自动变速箱（6 个前进档和 1 个倒档）；配有 2 速无配电板的分线箱。车内设有中央胎压调节装置，可根据不同地形自动调节轮胎内气压。

SPV400 的悬架采用越野车辆惯用的前后双叉式悬架。这种悬架拥有上下两个摇臂，其横向力由两个摇臂同时吸收，支柱只承载车身重量，因此横向刚性大，可提高车辆行驶的平顺性和方向稳定性。由于使用不等长摇臂（上长下短），车轮在上下运动时能自动改变外倾角，减小轮距变化和轮胎磨损，也有助于提高对路面的自适应能力。

轴距是影响乘坐空间的重要因素。一般来说，轴距越大，车厢越长，乘坐空间也越宽敞，抗俯仰和横摆性能越好，但长轴距也会导致转向灵活性下降、转弯半径增大。SPV400 的轴距为 3.1 米，在 4 轮军用车辆中处于普通水平。

轮距是影响驾驶舒适性、横向稳定性和安全性的重要因素。一般说来，轮距越大，对改善操纵平稳性越有利，横向稳定性也越好，但轮距宽了，车辆的宽度和重量也会增大。SPV400 的轮距为 1.615 米，相对较宽，这也是为防止车辆侧翻而采取的措施之一。

综上所述，苏帕凯特公司在 SPV400 的机动性能上没少费心思，这就使得 SPV400 的机动性能成为同类车辆中的佼佼者。据苏帕凯特公司介绍，SPV400 在阿富汗绝大多数地方都可以畅行无阻，而且乘坐舒适。

澳军“大毒蛇”

澳军“大毒蛇”应对“非对称作战”

文｜风云

如果敌人不再是堂堂之师，而是神出鬼没的“流寇”，那么传统的作战武器就难免有些“不称手”。据俄“军工综合体”网站报道，追随美国进行多年反恐战争的澳大利亚陆军已经意识到在应对诸如塔利班、“基地”组织等惯于游击的对手时，需要高机动、高防护作战车辆的支持。可是，直接购买按美军需求研制的美制战车总有“削足适履”之感，于是澳大利亚本土企业研制出了全新的“大毒蛇”轻型装甲车，成为澳大利亚陆军士兵的“移动堡垒”。

模块设计，快速部署

“大毒蛇”轻型装甲车由欧洲泰利斯公司澳大利亚分公司研制，主要有两种基本型号：人员运输型（标准型）和通用型。其中前者空重 7 吨、战斗全重 9.5 吨；后者空重 6.3 吨，战斗全重 9 吨。7 吨级的“大毒蛇”4×4 轻型装甲车与各国新研发的轮式装甲车一样采用模块化设计，具备机动性好、可靠性高、战场生存力强、易于空运等特点，车上配有液压或电力混合驾驶系统，也可附加装甲套件。

另外，由于“大毒蛇”轻型装甲车采用了模块化设计，因此能根据作战需求衍生出多种变型车，形成“车族”。据介绍，“大毒蛇”的模块化车体不仅方便变型，而且对部署和维修也非常有利。例如只需 2 人就可在不借助任何特殊设备的情况下，在 30 分钟内将该车分解装入 C－130 运输机；到达目的地后同样可在 30 分钟内完成车辆组装。

武备多样，续航力强

“大毒蛇”轻型装甲车的外形比较彪悍。车体前部是动力舱，其后是乘载员舱，可乘坐 6 名人员（包括驾驶员和 5 名士兵）；车体两侧各有 2 扇装甲车门，供人员快速出入；在载员舱上方有 1 个座圈，可以安装遥控武器站，配备的武器则可视用户需求进行安装，既可以是 5.56 毫米、7.62 毫米、12.7 毫米口径机枪，也可以是 40 毫米口径的自动榴弹发射器、反坦克导弹和观察装置等。其中采用 12.7 毫米口径机枪的遥控武器站由美国萨姆森技术公司生产。尽管该车的车头灯和车尾灯没有像一些同型车那样采用防护设计，但大大缩小了体积，相应减少了被命中的可能。

“大毒蛇”的动力装置为一台奥地利斯泰尔汽车有限公司生产的斯泰尔 V6 涡轮增压直列电喷柴油发动机，最大功率 212 马力，配以 6 速变速箱（型号未知），最大公路速度可达 110 千米 / 小时。客观地说，该车的动力装置与美国研制的 JLTV 多用途装甲车的动力技术相比逊色不少，但其最大好处是可靠实用，战场维修简便。该车的最大公路速度虽然不突出，但最大公路续行里程却高达 1 000 千米。这是因为澳军在阿富汗作战中发现，高机动车在阿富汗这样的复杂地形环境中跑不起来，一味追求公路行驶速度没有意义，而澳军经常要深入偏远地区进行巡逻和作战，那里基本没有基础设施，所以车辆的续行里程必须大，以便减少后勤负担。另外，考虑到该车要加装大量电子设备，所以内置发电机功率较大，以便为车载 C4I 系统（指挥、控制、通信、电脑和情报系统）和其他任务装备提供充足电力。

便于操控，多重防护

“大毒蛇”的悬挂系统尚不清楚是何种形式，但据泰利斯澳大利亚分公司介绍，是超过美国研制的 JLTV 轻型装甲车的先进型，能够保证该车在崎岖地形拥有优异的机动性和乘坐舒适性；该车采用全液压刹车系统，并搭配防抱死刹车系统；侧倾坡度可达 40 度。考虑到该车很多时候要在恶劣地形上行驶，所以采用了低压宽轮胎，并在内部设有中央胎压调节装置，可根据车辆行驶在不同地形的具体情况，自动调整轮胎内气压，配备的车胎摩擦力自动控制装置进一步增强了车辆的可操控性。车内还装备有电子监视及故障诊断系统，一旦车载设备出现故障可自动报警。

由于“大毒蛇”是为了取代赴阿富汗作战的澳大利亚大兵诟病已久的“陆虎”无防护吉普车而诞生的，因此防护能力被列为重点。该型装甲车采用高强度装甲钢焊接车体，全车（包括车前风挡和两侧车门上的防弹玻璃观察窗）可防御 7.62 毫米口径子弹在 30 米距离的射击；车底采用 V 形设计，并采用了爆炸吸收系统，可提供较好的地雷防护能力，能承受 10～12 千克装药的地雷爆炸威力；车门采用防卡死设计，允许乘员在车辆受到严重损害后紧急逃生；车内采用防破片内衬，提高车辆被击中后的防穿透性能；车上装有自动灭火抑爆系统，可在极短时间内扑灭火焰。除了基本的车体装甲外，“大毒蛇”也能加装模块化附加装甲。这些由以色列人设计的附加装甲将使该车拥有比美国JLTV装甲车更好的防护能力，这也是该车的主要优点。

融入网络，遥控指挥

由于澳军接受了美军的网络中心战思想，因此旨在取代“陆虎”，成为新一代澳军坐驾的“大毒蛇”轻型装甲车势必要成为未来信息化战场上的一个信息网络节点。该车的核心信息化设备是带有数据链的战场管理系统，可融入三军作战网络，从而实现单车与不同军兵种平台之间进行信息交换的能力。该车已实现了“玻璃化”，车内布置有多功能大屏幕液晶显示器、控制面板、车载电台和军用数据链，可实时接收上级或其他侦察、作战平台传来的数据、语音和视频信息和指令；同时也能够将自身获取的情报通过数据链传递给上级或其他友军。

由于该车信息化水平空前提高，因此在之后的试验中不但要进行常规车辆试验，还要进行电磁干扰试验，以确保其能够适应未来复杂的电磁环境。

俄 BMD-4M 型伞兵战车

飞车空降有绝招：
俄 BMD-4M 型伞兵战车

文｜安太

根据长期积累的实战经验，俄军坚信只有实现空降兵全机械化才能使伞兵的机动性更高，在敌方火力下得到更多防护，并大幅增加反装甲火力。也正是基于这一认识，俄罗斯在开发伞兵战车和战车伞降系统方面领先于其他国家。BMD－4M 型伞兵战车就是俄空降兵的最新装备。

战车空投始于多伞伞降

目前，战车空降主要有机降和伞降两种形式。机降就是搭载战车的运输机在机场着陆后，战车从机舱内驶出。机降的优点是技术较易掌握，但战时在敌方地域内很难找到安全的机场。伞降则是将战车直接空投，落地后即可战斗。伞降对着陆场地要求不高，但技术要求就复杂得多。试想，十多吨重的钢铁战车从几百米高处落下是一种怎样的场面?

在空投伞兵战车方面，俄军积累了大量经验。BMD 系列空降战车是世界上发展最系统的空降战车，可实现载人伞降，并经过了实战考验。最早实现战车空投的是一套复杂得多的伞伞降系统，或称为“人－车－伞”综合系统。

由于俄制 BMD 系列空降战车的战斗全重在 7.5～14.6 吨之间，比普通伞兵重百倍以上，一具专用降落伞难以胜任空降任务，而且可靠性也不高。为此，苏联空降兵科技委员会于 1971 年开始研制名为“半人马座”的多伞伞降系统。整套系统由 5 个面积为 760 平方米的降落伞和 1 座伞降平台组成，可让 2 名乘员随车同降。

目前，俄军现役 BMD－3 空降战车的空投设备采用了苏联时期研制的 PS－950 着陆系统。着陆后，降落伞可以自行滑落，空降战车能直接投入战斗。该伞降系统还带有简易导航仪，可以将空降战车准确投送到预定降落场。

多种缓冲装置设计独特

BMD 系列伞兵战车在设计之初就考虑到空投的要求，其空投方式有三种：MKS 多伞组合空投系统、PRSM 降落伞－火箭制动战车空投系统，以及 PBS 无货台空投系统。

其中，PRSM 系统是在战车触地前几秒，利用触发杆起动火箭装置，依靠喷射火药燃气产生巨大的向上推力，降低战车的下坠速度。整个过程相当惊险：战车在着地瞬间，要经受巨大反推力和灼热火箭喷气的考验，所使用的降落伞除了强度高、韧性强外，还应该由阻燃材料制成。相比其他空降方式，PRSM 伞降系统可使空降战车的下降速度达到 25 米 / 秒，是多伞伞降系统的 4 倍，大大缩短战车的滞空时间，降低被防空火力杀伤的概率。同时，PRSM 伞降系统只有一具主降落伞，在运输上有明显优势。当然，其造价比多伞伞降系统高，可靠性也只有 95% 左右，有一定风险。

PBS 无货台空投系统则是在战车着陆前，在车底部打开一个缓冲气囊。缓冲气囊在空投前就折叠起来放在空投战车下面。在战车下降过程中，空气从其气囊下端的进气活门进入气囊，使气囊快速鼓起。着陆瞬间，气囊被压缩，其内部空气可以从气囊的排气活门或爆破排气口排出，这样气囊就能吸收物体着陆时的冲击能量，达到缓冲目的。气囊缓冲装置具有结构简单、使用方便、缓冲效果好、成本低等特点，是俄军广泛使用的战车空投装备。

战车是这样“扔”下去的

那么，空降战车是怎样被“扔”出机舱并顺利着陆的呢？以 PRSM 伞降系统为例，当运载战车的运输机到达空降场上空后，领航员首先打开飞机尾部的货舱门，按下“投放”按钮，抛出挂在运输机尾部的牵引伞，牵引伞在气流作用下打开。然后，在大小约 10 平方米的牵引伞拉扯下，战车沿运输机地板上的中央导轨和滚棒被拉出飞机货舱。在战车离开飞机后，牵引伞与战车分离并拉开辅助引导伞，通过辅助引导伞可迅速将主降落伞打开。在打开主降落伞的同时，稳定减速伞也被打开，使下坠的战车进一步减速，防止战车过度翻滚，以保持较好的开伞姿态。当主降落伞拉直时，拉绳起动探杆开锁器，在离开运输机 12 秒后，触地探杆由水平状态转向垂直状态，触杆伸出规定长度。同时，4 台火箭发动机组件、吊带系统拉直、火箭保险被打开，火箭缓冲系统准备工作。战车以 16～23 米 / 秒的速度下降，在触地前，火箭电路被接通。随着一声巨响，火药燃气喷出，产生反推力，使战车下降速度减小到 4～5 米 / 秒。随后战车触地，随车同降的驾驶员就可以开动战车投入战斗了。

另外，战车载人空投还需要对战车进行特别改进。首先，为了保护车内人员，战车内必须加装一种叫作“卡兹别克”的空投座椅，它与载人飞船上使用的宇航员座椅相似，乘员呈仰卧状，座椅头部有减震器。其次，战车上的降落伞连接点改用火工品——在着陆或入水后，乘员在车内一按电钮就能将降落伞连接点解脱。尤其值得一提的是，BMD 伞兵战车具有良好的水上行驶性能，当战车入水后，乘员通过控制装置将伞降系统连接件炸掉，再启动发动机，转动履带，解脱车下气囊、滑板等缓冲部件，打开喷水装置，战车便可以在水上行驶，执行强渡或抢滩登陆任务。

法国 VBCI 轮式战车

法国最新轮式战车成“反恐神器”

文｜秦真

自从 2015 年 11 月巴黎恐袭发生后，法国武装力量可谓四处出击，不仅派遣航母打击极端组织“伊斯兰国”（IS），还动用驻非洲的地面部队帮助马里政府军围剿曾宣称效忠 IS 的“纳赛尔解放运动”。据报道，驻马里的法军不仅出动大批特种兵，最新的 VBCI 轮式战车也一并出征。有分析人士指出，法国正用 VBCI 战车竞标多个国家的订单，其实战表现无疑会受到客户的关注。

“新款战车”频繁参战

盘点法国陆军现役装甲战车，参战频率最高的非 VBCI 轮式战车莫属，甚至比“勒克莱尔”主战坦克还要“忙”。原因很简单，经常执行海外干预任务的法军更乐意携带吨位合适、机动灵活、火力凶猛的轮式车辆，况且他们所要面对的敌人多半是些非正规军，不值得让坦克出马。

VBCI 战车起源于 20 世纪 90 年代法国国防部发起的“模块化装甲车”（VBM）项目，2000 年更名为 VBCI，由 GIAT 公司（今奈克斯特系统公司）主持研发。2008 年起，VBCI 陆续装备法军第 1、16、35、92 步兵团以及驻乍得的第 2 装甲旅机械化步兵团、外籍军团第 2 步兵团。

在阿富汗作战期间，法军的 VBCI 让擅打游击战的塔利班吃过不少苦头。塔利班武装分子在对付轻装甲轮式车辆时通常使用 RPG－7 火箭筒，可碰上拥有附加装甲和格栅装甲的 VBCI 战车时，火箭弹总是被提前引爆，无法伤及战车内部，况且火箭弹射程只有 600 米远，而 VBCI 的车载机炮能精确打击千米内的移动目标，其结果是塔利班“既打不了，又跑不掉”，最终只好选择避开。有意思的是，在干预马里内战期间，VBCI 战车也是靠这样的“不对称优势”，打得叛军找不着北。

“完美设计”面面俱到

总的来看，VBCI 是一款初步符合信息化作战要求的高机动作战平台，目前主要有 VCI（步兵战车型）和 VPC（指挥车型）两款：前者配备“龙”式单人炮塔，车组成员 3 人（车长、炮长、驾驶员），可搭载 8 名武装步兵；后者安装“箭”式遥控武器站（配备 12.7 毫米口径机枪）和指挥通信器材，可运载 3 名车组成员和 6 名指挥员。以 VCI 型为例，车辆净重 12 吨，可载重 8～10 吨，战斗全重可达 27 吨，车体长 7.66 米，宽 2.75 米，高 0.25 米，离地间隙 0.5 米，采用 8×8 轮式驱动方式。尽管 VBCI 比法国以前制造的轮式装甲车更大更重，但它依然符合北约对于空运装备的规定（重量小于 30 吨，宽度小于 2.9 米），因此可用欧洲 A－400M 或美国 C－17 空运。车体结构方面，从前至后依次为动力室、驾驶室、战斗室和载员室，车内空间充足且采用模块化设计，因此完全可以衍生出坦克歼击车、装甲抢救车、自行火炮、装甲侦察车等多种车型。

在防护能力方面，VBCI 车体外部附有钛合金装甲，内部敷设防崩落衬层。值得一提的是，VBCI 的车顶安装了模块化附加装甲套件，可以防范攻顶弹药，车底也预留了加装强化钛合金模块装甲的插销，以便抵御地雷攻击。这种全方位防护措施，使得 VBCI 能够有效抵御各种中小口径弹药乃至 155 毫米榴弹破片。

至于火力，VCI 型战车的“龙”式单人炮塔通常配备 M811 机炮（口径 25 毫米）和机枪（口径 7.62 毫米）。机炮采用弹链双向供弹，有两种射速（每分钟 125 发或 400 发），可使用的弹药包括高爆弹、碎甲弹、脱壳穿甲弹等，其中脱壳穿甲弹可击穿千米处的 85 毫米厚钢装甲。

VBCI 最出色的地方则是名为“FINDER”的战场管理系统，该系统能通过组网，实现各种作战平台间的信息共享，提供包括作战目的、敌情、行进路线、故障情况、友军情况和观测情况等战场信息，有效解决信息化作战的三大核心问题——“我在哪里，敌人在哪里，友军在哪里”。不过，要想让 FINDER 系统的效能发挥到极致，各种作战平台都必须配备 FINDER 或兼容系统，这对法国的国防预算来说是一个不小的负担。

“警察行动”绝佳选择

在西方军界有一句话，要认识一种武器首先要理解其用途。法国既希望维持较强的海外干涉武力，又无力走“大而全”的建设道路，必须根据自身需求量身定做各类武器装备。以陆军装甲车来说，自“勒克莱尔”坦克之后，法国在研制重型履带车辆方面就逐渐陷入停顿，反而对轮式装甲车极为热衷。VBCI 车族不仅列装快，而且同步升级也快，特别是多次经历战火，相关技术改造和部队编制调整也非常到位。

据瑞士《军事技术》杂志披露，目前法国海外军事干预的地面部队规模通常为团级，部队的核心突击力量是 48 辆 VCI 型战车和 14 辆 VPC 指挥车，至于“勒克莱尔”主战坦克，不到万不得已是不会出动的。以 2013 年法军快速介入马里的“薮猫”行动为例，从中非班吉和乍得恩贾梅纳出发的法军仅 800

余人（加强营级规模），但他们使用的轮式车辆（含后勤车辆）却超过 600 辆。从班吉出发的法军更是完全依靠装甲车的摩托化机动直抵前线。

专家指出，自密特朗时代以来，法国海外出兵更像是“警察行动”，主要特点是出兵少、节奏快、以强凌弱，这种模式也体现在此次中东和非洲的反恐行动中。有分析人士指出，法国绝不止于教训极端组织，更包括通过军事介入，参与叙利亚乃至“大中东”的地缘政治改造，未来肯定少不了 VBCI 战车到处冲锋陷阵的身影。

芬兰 AMV 战车

芬兰
AMV 战车

文 — 寒梅

既轻便又结实的装甲车有“战场出租”之称，是当今机械化陆军作战的主要装备。芬兰模块化装甲车（AMV）由帕特里亚公司与芬兰国防军合作研制，最初目的是为了弥补“帕特里亚”XA 系列 6×6 型装甲车的不足，提供更大的载荷和降低使用费用。AMV 问世后得到了许多国家的认同，目前已有 7 个国家采购过该种战车，数量超过 1 400 辆。

基本情况

AMV 在 2000 年首次亮相，当时只是一辆无法行驶的“样子货”。2001 年，帕特里亚公司完成首辆完整样车，2002 年制造出试验样车。芬兰国防军在 2002 年签订首份订单，购买两辆预生产型 AMV（2003 年交付）。其中一辆是装甲输送车，安装有顶置武器站，配装 1 挺 12.7 毫米口径机枪；另一辆安装 1 座双人炮塔（配备 30 毫米口径机关炮和 1 挺 7.62 毫米口径机枪）。

由于拥有相对较大的车体和承载能力，AMV 可安装多种重火力武器。目前，AMV 装备的武器系统有 105 毫米口径火炮、120 毫米口径的“尼莫”新型迫击炮和双联装“阿莫斯”迫击炮系统。据悉，帕特里亚公司已加大投资力度，发展标准型、加长型、加高型和重型武器平台型 4 种模块化装甲车辆。

AMV 标准型中包括装甲输送车（车内空间达 13 平方米）、步兵战车、装甲指挥车、救护车、装甲侦察车和反坦克导弹发射车。加长型（通常称为 8×8L 型）装甲输送车和步兵战车则可容纳更多载员。加高型 AMV 可用作指挥车、救护车等，而重型武器平台型 AMV 可安装“阿莫斯”迫击炮之类的武器系统。

不同 AMV 的布局基本相同，驾驶员位于车内左前部，右侧为柴油动力装置。车上装有防破片内衬、全焊接钢制装甲和被动附加装甲。还可安装格栅式或网式防护组件，抵御火箭弹的攻击。帕特里亚公司还为 AMV 配备了中央轮胎充气系统和液气悬挂装置（可对车底距离地面的高度进行调整）。

配套装备

由于 AMV 在平台设计、装甲和任务系统等方面存在诸多变化，因此各种车型的战斗全重有很大差异。AMV 基本型重约 16 吨，可承载 10 吨（包括武器站、弹药、载员等），当车辆全重在 22 吨以下时具有两栖能力。车辆在水中行进时，最大水上速度 10 千米 / 小时。

模块化装甲输送车通常只在炮塔或遥控武器站上安装 1 挺机枪，以便获得较大的载员空间。为了提升火力，帕特里亚公司和 BAE 系统公司赫格隆分公司合作研制了双联装 120 毫米口径“阿莫斯”迫击炮系统。据悉，“阿莫斯”迫击炮的最大射程取决于发射的弹药，一般来说，使用标准弹药进行曲射时，射程约 10 千米；进行直接射击时，可打击 1 千米内的目标。凭借新型数字化火控系统，“阿莫斯”迫击炮可在复杂气候条件下进行精确打击。

除了重约 3.6 吨的双联装“阿莫斯”迫击炮，帕特里亚公司还提供一种单联装 120 毫米口径“尼莫”迫击炮（重约 1.7 吨）。由于采用与“阿莫斯”相同的炮管，其性能和弹药表现与“阿莫斯”大致相同。

印度国产 DU-IFV 重型步兵战车

文｜萧萧

印度国产 DU-IFV 重型步兵战车

印度军队尤其是陆军的绝大多数装备都是从俄罗斯购买的，几十年过去了，这些装备逐渐老旧落伍。由于印度把大部分军费花在了空军和海军身上，没有太多的钱购买新式地面武器，于是就想到一个花钱不多，但又能基本满足陆军需要的法子——改装现有装备。

2012 年 5 月，印度国防研究与发展组织（DRDO）在科研中心班加罗尔举行了一场小范围的自研武器成果展，一种车体四四方方的履带式重型步兵战车吸引了不少印度高官的目光，这就是印度推出的DU-IFV重型步兵战车。由于其外观过于方正，一些印度军官将其戏称为“家具搬运车”。

DU-IFV步兵战车由DRDO和美国联合防务公司地面系统分部（UDS）合作研制，俄罗斯乌拉尔机械车辆厂也参与了后期研制工作。该项目的初衷是在俄罗斯T-55中型坦克（正逐步从印度陆军中退役）的基础上研制一种高费效比的步兵战车。这种想法和以色列利用T-54/55坦克改装成阿奇扎里特重型步兵战车简直如出一辙。在研制过程中，还参考了俄罗斯BTR-T步兵战车的部分设计。

如今问世的DU-IFV步兵战车长6.9米，宽3.1米，高2.08米，战斗全重38吨，载重4吨。车辆需要2名乘员负责操作（驾驶员和车长兼武器操作员），可运载9名步兵。DU-IFV内部空间较大，除用作步兵战车外，也很适合改装成其他用途的车辆，如指挥车和装甲救护车等。在采用俄制T-55坦克底盘的基础上，乘员舱、悬挂机构、行走机构、发动机进气和排气结构，以及燃油储存等都进行了重新设计。

在DU-IFV战车上，前部乘员舱与后部载员舱以装甲钢板隔开，尾部装有一个电动控制的向下开启的倾斜跳板供步兵进出。美国公司提供的底特律8V92TA柴油机为该车提供高达850马力的强劲动力。

据称，该车的防护能力与坦克基本相当，采用DRDO自行研制的“坎昌”复合装甲，还可在车体外部加挂爆炸反应装甲，进一步提高防护力。DU-IFV上还装有空气过滤装置和空调系统，能在核生化条件下作战。此外，由于采用发动机前置设计，发动机舱组成的厚厚防护层也能为车内乘员提供额外的防护能力。

以色列拉斐特公司将负责为DU-IFV提供武器系统和观瞄系统。尽管样车上只安装了一挺12.7毫米口径的遥控机枪，但DRDO相关人员表示，还计划为该车装备一座20毫米口径的单人炮塔，以及配套的热成像仪、激光测距仪和微光电视观瞄装置。武器系统的供应商将可能从以色列或俄罗斯这两个国家中选择一个。此外，其他一些防护措施也在计划之中，比如正在考虑加装AVIMOLWD2激光告警接收装置和烟幕发射器。

考虑到印度军队的实际作战需要，DU-IFV步兵战车的独立作战能力很强，可以在没有外部补给的情况下自主战斗48小时。

日本“13年式战车”

日本“13年式战车”瞄准海外作战

文 | 安太

2013年10月9日，一种全新开发的战车亮相于日本神奈川县相模原试验场。据日本《PANZER》杂志介绍，这款日文名“13年式机动战车”的装备是继10式坦克之后日本陆上自卫队针对“离岛夺还”及“海外和平支持”行动的重要装备，说白了，它就是日本自卫队未来境外作战的重要工具。

此“战车”非彼“战车”

当“13年式机动战车”公布伊始，一些中文报刊将其称为“机动坦克”或“轮式坦克”。不过，有军事专家表示，尽管日语中“战车”一词通常对应“坦克”，但它也可用于其他战斗车辆。从外形和性能来看，“13年式机动战车”其实是“轮式突击炮”或“轮式坦克歼击车”，即在轮式装甲底盘上安装中大口径火炮，用于猎杀装甲目标或打击坚固工事的车辆。因此，可将其简称为“13式轮突”。

说起“13式轮突”的问世，离不开日本这些年向海外派兵所受到的“震撼”。日本《军事研究》杂志披露，2003年美国终结萨达姆政权后，呼吁其他盟国也向伊拉克派兵，“共创自由天地”。日本趁机突破“和平宪法”，派遣自卫队远赴中东，自卫队甚至内部规定：“无需警告便可射杀被认为有威胁的目标。”而这支日本海外派遣队的主要装备就是2002年开始列装的96式轮式装甲车。

在与美军联合执勤时，自卫队员发现96式装甲车弊端极多。最突出的缺点是，该型车底部扁平，两侧垂下，呈现“倒V形”，这种设计不仅不能分散地雷爆炸的能量，反而会造成“聚能效应”，使战车更易受损。此外，该型车的装甲只能抵御7.62毫米口径的步枪子弹，威力稍大的枪弹就能把它打个“透心凉”。许多自卫队员抱怨说：“这简直是让我们送死！”

在这种情况下，日本防卫省技术研究本部第四研究所（陆上装备研究所）于2008年启动新型轮式装甲突击车辆的开发工作，迄今研发总费用已累计达到179亿日元。日本政府2010年提出的《防卫计划大纲》中更是强调“动态防卫力”，给以轮式突击车为代表的轻量化装甲车辆研制项目打了一针“强心剂”。

不求对抗主战坦克

从已经公布的数据来看，“13式轮突”采用四轴八轮设计，车长8.45米，宽2.98米，高2.87米，配备四缸水冷发动机和自动变速箱，依托液气悬挂系统，公路行驶速度和乘坐舒适性颇有保障。据悉，该车最高公路时速为100千米/小时，最高续行里程接近1 000千米。该车战斗全重约26吨，可通过日本购买的美制 C-130 运输机或国产 C-2 运输机空运。该型车采用全焊接单壳钢装甲结构，虽然其装甲厚度没有公开，但根据车体重量推测，其正面装甲约 25 毫米，侧面约 15 毫米，可抵御小口径炮弹和 12.7 毫米口径重机枪子弹。

相对于饱受诟病的 96 式装甲车，“13 式轮突”的技术优势在于超强的公路机动性能。它采用的大直径米其林轮胎能紧密接触松软地面，在低速越野行驶时，可通过胎压调节系统调低轮胎压力，增大轮胎接地面积，提高车辆的通过能力。在轮胎内侧嵌入了硬质骨架，即使轮胎中弹漏气，其硬质骨架也能支撑车体重量，虽然不能高速行驶，但也不会因此趴窝。

“13 式轮突”安装的炮塔外形酷似 10 式坦克，但尺寸变得“袖珍”，配备了改进型高初速 105 毫米口径火炮，与日本现役 74 式坦克相比，其工作压力极限提高 20%，炮口制退器的效能提高 70%，使火炮射击后坐力低于 15 吨。日本专家估计，该型火炮的威力虽不如邻国主战坦克配备的主炮，但也能在 2 000 米距离上穿透 300 毫米厚的均质钢装甲。

更重要的是，该型车的液气悬挂装置针对多山环境进行了优化，使行驶平稳性和越野能力大大提高。通过车载液压系统还可调节车身姿态，实现车身侧倾，不仅能增强车辆的地形适应性，还能拓展火炮射击角度，以便打击藏在死角的目标。当然，这种设计也带来了一些可靠性和使用成本问题——与传统采用扭杆悬挂的战车相比，该型车的维护过程存在较多麻烦，造价也不便宜。

将作为“车族”发展

让人疑惑的是，大多数国家会根据一种轮式装甲车辆底盘，衍生发展出包括轮式突击车在内的多种战斗车辆，从而形成车族。这种做法在简化后勤和降低采购成本方面很有效，可是日本却“剑走偏锋”，完全从头研制功能单一的轮式突击车专用底盘，而且此类战车产量肯定不大，势必造成资源浪费。曾有日本刊物设想基于“13 式轮突”底盘发展安装毒刺导弹的野战防空战车，或只安装几挺 7.62 毫米口径机枪，充当治安巡逻车，但从目前来看，日本防卫省技术研究本部还没有这样的打算，因为“13 式轮突”要服役还要过好几道试验关。

韩国中型坦克

文 | 唐仲云

“反恐维和”
催生中型坦克“第二春”

提起中型坦克，相信有很多人会下意识想起 T−34、M4 等在二战战场立下赫赫战功的著名战车。战后，随着主战坦克成为陆战主力，中型坦克逐渐淡出人们的视线。不过，随着反恐战争和维和行动成为新时代军事行动的重要样式，中型坦克悄然迎来了“第二春”。

通常来说，全重 10—20 吨的坦克是轻型坦克，全重 20—40 吨的坦克是中型坦克，全重 50 吨左右的坦克是重型坦克。随着低后坐力、大口径火炮技术逐渐成熟，中型坦克的火力已经接近主战坦克，而中型坦克具有的重量轻、机动性高、便于空运部署等优点，非常适合现代快速反应部队的作战需求。

事实上，目前一些西方国家军队正在减少主战坦克的数量，把发展重心转向轻型战车。2009 年，英国关闭了“挑战者 2”主战坦克的生产线。2012 年，荷兰陆军决定撤销坦克部队，欧洲其他一些国家也在逐渐减少主战坦克的数量。在这一背景下，韩国斗山防务技术公司和比利时 CMI 防务公司在 2013 年的阿布扎比防务展上展示了联合研制的新型中型坦克，一亮相就吸引了不少目光。

总体布局

韩国和比利时联合研制的中型坦克长约 7 米（包括火炮为 8.5 米），宽 3.4 米，高约 3 米，全重约 25 吨，乘员 3 人，可用 C-17、C-5 等大型运输机空运。

其实，该坦克就是在韩国 K-21 步兵战车底盘上，配装 CMI 防务公司的 XC-8 双人炮塔。其整车布局与步兵战车相似，车首为楔形结构，上部倾角较大，动力舱布置在车首右侧，动力舱上方装有进气百叶窗。动力舱左侧为驾驶舱，驾驶舱舱盖前部装有 3 具潜望镜，驾驶员正前方还有一个 15 英寸显示器，供驾驶员查看发动机状况、行驶速度等信息，也可以显示车辆后方的情况。

战斗舱从车体中部延伸到后部。战斗舱前部装有 1 座电驱动双人炮塔（可手动应急）。车长位于炮塔下方的战斗室左侧，炮长位于战斗室右侧，车长舱口前方装有 1 具双通道周视观瞄镜，炮长舱口前方装有 1 具双稳式双通道观瞄镜，车长和炮长侧面各布置 3 具潜望镜，以便观察左右两边的情况。炮塔后部左右两侧各设有 7 个埋入式烟幕弹发射器，炮塔上方后部装备横风传感器、鞭状通信天线和 GPS 接收装置等设备。

此外，车体前部还装有防浪板，平时折叠放于车前下方，浮渡时通过机械连杆控制向前方竖起。车体两侧采用垂直设计，内部空间较大。

机动性能

该中型坦克的动力装置为 1 台韩国斗山防务公司的 D2840LXE 型 10 缸涡

轮增压水冷柴油发动机，最大输出功率551千瓦，配套传动装置是韩国通吉重工公司的KX-520-4B，有4个前进挡和2个倒挡。行走装置包括1对主动轮（前置）、1对诱导轮、6对负重轮、3对托带轮、2条双销挂胶履带，悬挂装置为扭杆弹簧悬挂。该坦克最大公路速度可达76千米/小时，越野速度40千米/小时，最大行程500千米。

借助浮筒和履带划水，该型坦克具备两栖能力。浮筒平时放在车体两侧的侧裙板下方，进行5分钟充气后即可浮渡。在浮渡前，除了为浮筒充气，还要在动力舱周围架设防水护罩及撑起车前防浪板。由于其仅靠履带划水，水面速度仅6千米/小时。

火力性能

低后坐力、大口径火炮是中型坦克“重生”的重要支撑。许多武器生产企业为满足轻型底盘装备大口径火炮的需求，在轻量化炮塔的研制上投入巨资。XC-8双人炮塔就是比利时CMI防务公司为满足市场上对中型坦克和反装甲火炮系统的需求而研制的一种低重量炮塔。主要组成部分包括火炮、炮塔吊篮、火炮驱动装置、供弹装置、火控系统、辅助武器等，炮塔重约4吨。

XC-8配装的火炮可在105毫米和120毫米两种口径中选择，可发射北约标准弹药，高低射界-10度至+42度。以120毫米口径火炮为例，其发射尾翼稳定脱壳穿甲弹可击破580毫米均质钢装甲，即使面对改进型第三代主战坦克，也有一搏之力。而且，两种火炮可分别发射由乌克兰卢契设计局研制的Falarick 105 GLATGM和Falrick 120 GLATGM炮射导弹，它们都采用激光束制导，最大射程可达5千米，能击破550毫米的均质钢装甲。该型坦克的辅助武器为一挺安装在火炮左侧的并列机枪，机枪口径可在7.62毫米和12.7毫米中选择，其高低射界和火炮相同。

由于配备了完善的火控系统，该型坦克具备了很强的运动中射击能力，其首发命中率和远距离打击能力在同级别坦克中都比较出色。由于车长和炮长都装备了独立的观瞄镜，车长可独立于炮长搜索目标，紧急情况下车长可超越炮长控制武器，具备“猎-歼”作战能力。

防护性能

该型坦克底盘的防护性能与韩国 K-21 步兵战车相当，主体部分采用铝合金装甲焊接结构，关键部位采用多层复合装甲，全车可抵御 7.62 毫米穿甲弹和 50 米外飞来的炮弹破片。车体两侧和正面可增加硅基陶瓷复合装甲，正面可抵御 1 000 米外射来的 30 毫米尾翼稳定脱壳穿甲弹和 500 米外射来的 14.5 毫米穿甲弹，侧面可抵御 500 米外射来的 14.5 毫米穿甲弹。在防地雷方面，可抵御 10 千克 TNT 装药的反坦克地雷。

XC-8 炮塔采用铝制防弹板焊接结构，正面采用倾斜面设计，两侧却几乎垂直，炮塔四周安装了 1.5 吨重的附加装甲，能抵御 500 米外射来的 25 毫米稳定尾翼脱壳穿甲弹和 25 米外爆炸的 155 毫米榴弹破片。

车内其他防护手段包括自动灭火抑爆系统、整体式三防设备、激光探测报警装置和烟幕弹发射器。当被敌方激光照射时，报警装置会立即向乘员报警，并采取发射烟幕弹等对抗措施。

综合评价

总的来说，K-21 步兵战车底盘和 XC-8 双人炮塔都是相对成熟的装备，在此基础上“拼凑”出中型坦克并不存在太大的技术障碍。从性能来看，该型坦克的机动性能和火力性能与世界主流中型坦克相差无几，而其重量却低于阿根廷 TAM、德国“黄鼠狼”、波兰“安德斯”等中型坦克。重量较轻虽然有利于通过运输机远程投送，但也意味着该型坦克的防护性能在主流中型坦克中排名靠后，综合战力也相对较弱。

在近几年的国际防务市场上，轮式突击炮凭借强火力和高机动性异军突起，与中型坦克争抢市场，比利时和韩国联合研制的中型坦克能否在未来市场上“捞金”尚需观察。

乌克兰“堡垒–M”坦克

乌克兰“堡垒–M”坦克努力“走新路”

文｜雷炎

尽管在空中武力高度发展的今天，大规模坦克决战已不太可能发生，但主战坦克却没有停止发展。地处东欧腹地的乌克兰依靠继承自苏联的家底，努力在国际军贸市场打出自己的品牌，多次出现在国际防务展上的“堡垒－M”型坦克便体现了他们的雄心。

苏制坦克传人

“冷战”时期，苏联不遗余力地发展坦克，平均10年即有新式坦克问世。当时的苏联共有五大坦克设计/生产单位，分别是基洛夫工厂、乌拉尔机械车辆厂、鄂木斯克运输车辆制造厂、车里雅宾斯克拖拉机制造厂、哈尔科夫设计局及其下属的马雷舍夫机械车辆厂。

苏联解体后，基洛夫工厂、鄂木斯克运输车辆制造厂和车里雅宾斯克拖拉机厂相继转产，仅剩下俄罗斯接管的乌拉尔机械车辆厂和乌克兰接管的马雷舍夫机械车辆厂能继续承担先进坦克的研制生产任务。

进入21世纪后，马雷舍夫厂竭力摆脱俄系风格，试图推出“深度改进型坦克”。2008年10月，以T－80坦克为蓝本的“堡垒－M”型坦克问世，并于2009年4月完成测试。

火力凶猛精准

在主炮方面，“堡垒－M”配备125毫米口径的KBA－3型滑膛炮，可使用配备高性能尾翼稳定脱壳穿甲弹，其中绰号“长剑”的尾翼稳定脱壳穿甲弹因采用瑞士精加工工艺，穿甲能力达到450毫米厚的均质钢装甲，威力远超同口径的俄制常用弹药。另外，乌克兰研制的“营长”激光制导导弹射程也达到5 000米，配备串联装药弹头，可击穿厚达800毫米的均质钢装甲。

为了让炮弹威力充分发挥，堡垒－M选用了灵敏度极高的1A－45型稳向式火控系统，其行进间对5 000米内的坦克类目标的命中率超过80%，在全天候、行进间均有“猎－歼”能力。另外，由于炮管长期受到重力与高温日晒等影响，容易弯曲变形，“堡垒－M”的火控系统增加了炮管测弯与炮口测速装置，可以据此修正弹道，提升炮击精度。

防护性能不弱

虽然“堡垒-M”的战斗全重48吨，比西方动辄五六十吨的坦克“瘦弱”不少，但是，由于采用独家“蜂窝式复合装甲”，其防护效能并不弱。

所谓“蜂窝式复合装甲”，是在前后两排高硬度合金钢内装满液态聚合物的密封蜂窝结构，其原理源于苏联流体力学研究所于20世纪70年代的一项研究，他们发现反坦克弹药的高温射流进入装满液体的密封结构后会将液体迅速挤开，但因密封结构使压力无处宣泄，液体会从破损处反弹而出，破坏后续的高温射流，降低破甲威力。

而“短刀-2”型反应装甲是世界上第一款运用成型装药聚能原理制成的反应装甲，内部排列多管由共通引信串联的管状成型装药。当来袭弹药穿透其外壳引爆任一管状成型装药后，这块反应装甲内的其他管状装药会同时喷发，形成多股扁平刀片状高速喷射流，摧毁来袭弹药。据厂商公布的测试数据，该装甲的效果优于美、俄现用坦克装甲。

动力系统强劲

“堡垒-M”采用6TD-2E型二冲程柴油机。6TD系列柴油机由苏联5TDF柴油机发展而来，具有更高的功率/体积比，震动较小，缺点是故障率较高，维修较为费力，其中的“E”代表“环保”。乌克兰之所以会研制“环保柴油机”，是因为早年乌克兰T-84坦克参与希腊军购竞标时，因发动机排放黑烟和有毒气体导致总评偏低。此后，乌克兰人就决心解决这一缺失。

“堡垒-M”的优势在于大功率发动机所带来的优异推重比，其战斗重量仅48吨，搭配6TD-2E发动机，推重比高达25马力/吨，是目前少见的大功率坦克。

军用超轻型全地形战车

战场精灵：
军用超轻型全地形车

文 | 安太

按照美国国家标准学会的定义，全地形越野车是指单人使用，依靠低压轮胎行驶的车辆，驾驶者以跨骑方式乘坐并利用车把控制车辆转向。全地形越野车通常采用三轮或四轮设计，也被称为三轮机车或四轮机车。不过，目前也有六轮和八轮车型出现。与普通车辆相比，全地形越野车更适合复杂地形行驶。大多数国家的法律都不允许此类车辆上路行驶，只能在一些专门的场地（如沙滩、赛车场等）中使用。

有意思的是，最初只是“大玩具”的全地形越野车近年来逐渐成为各国军方的宠儿，在许多特种行动中大显身手。

最初的全地形车

日本本田公司在 1970 年推出的 US90 可算是世界上第一辆三轮全地形车，曾在 1971 年出品的 007 电影《铁金刚勇破钻石党》中露面，不过这款全地形车完全是休闲用途，车上没有设计避震系统，只是靠轮胎提供一定的缓冲。

四轮全地形车出现的时间较晚，可看作是三轮全地形车的改进版。1985 年，日本铃木公司推出 LT250R 四驱全地形车，该车装备长行程避震器，水冷二冲程发动机与五档手动变速箱，是适合赛车手驾驶的高性能车辆。

随着其他厂商也开始推出此类车辆，全地形越野车逐渐受到猎户、农夫、牧场工人与野外工程人员的喜爱。不过，采用六轮或八轮设计的两栖全地形越野车（AATV）才是真正的“全地形”车辆。AATV 具备水陆通行（浮渡）能力，动力输出采用四轮驱动或六轮驱动，后来发展成八轮驱动，可运载多名乘客与物资。

虽然民用全地形车早已问世，但美国军方直到“9·11”事件后才开始使用全地形车。在伊拉克与阿富汗的崎岖地形中，美军轻装步兵分队无法依靠悍马军车等常规运输平台携行弹药与食物，结果在作战时经常面临因补给困难而不得不撤退的窘境。美国大兵们想到了民用的全地形越野车，美军作战司令部直接在市场上采购后运到战区，经过大兵们的手工改装后开上战场。

“巡航者”战术越野车

“巡航者”战术越野车（LTATV）是由美国凤凰国际公司开发，它是在日本川崎重工 Teryx 全地形越野车的基础上按照军标进行修改的轻型战术越野车。该型车使用一台汽缸容量 750 毫升的 DFI SOHC 4 发动机，最高时速 90 千米，载重 700 千克，可选择两轮或四轮驱动，最特别的是车上配备大容量 24 伏辅助电力系统，是同类车辆中供电能力最强的车辆。除了美军，阿联酋军队是该型越野车的最大用户。

高隐蔽、大行程越野车

高隐蔽大行程越野车（CERV）是美国陆军车辆研究发展中心与美国私营企业合作研发的柴油－电力混合动力车，油耗比同类车减少 25%。CERV 没有任何装甲防护，射手坐在驾驶座后方，上方有环形武器架，可安装大口径机枪，进行 360 度射击。CERV 能够四轮驱动，最高时速 130 千米 / 小时、可爬 60 度陡坡。

据悉，美军计划将 CERV 用于执行战场侦察、目标定位和救援任务。2009 年 12 月，CERV 获得了美军 V－22“鱼鹰”倾转旋翼机的空投认证，它也是目前唯一通过该项认证的军用混合动力车。

MV700 四轮越野车

在美国和北约军用超轻型全地形越野车的市场中，美国北极星公司具有相当高的知名度。它原先是生产民用轻型全地形越野车的厂商，2004 年获得美国特种作战司令部一份长达五年的采购合同，总金额达 1 000 万美元。该公司马上于次年成立“北极星防务子公司”，专注开发军用市场，2007 年获得超过 3 000 辆的订单，2009 年又获得美国陆军的合同。

最受美军青睐的北极星产品当属 MV700 型 4 × 4 全地形越野车，车重 430 千克，载重 250 千克，配备一台汽缸容量 683 毫升的四冲程两缸水冷式汽油机，地面行驶速度不超过 60 千米 / 小时，轮胎兼具漏气后持续行驶能力，前部和后部的牵引力达到 1 100 千克，强化的钢制防护杆保护车辆与红外线灯具，增强夜间行驶能力。

MVRS800“游骑兵”

北极星公司为美军生产的最新超轻全地形车辆是代号“游骑兵”的MVRS800越野车。它使用一台汽缸容量760毫升的发动机，使用美国空军的JP8航空煤油，车辆动力得到提升。MVRS800的车身经过特别强化设计，配备大容量油箱和防地雷轮胎，车重756千克，有效载荷725千克，最大涉水深度70厘米，最高时速67千米/小时。

值得一提的是，另一家美国公司还为“游骑兵”系列越野车研制了专门的防护套件，可为2～3名乘员抵挡9毫米口径的手枪弹、5.56毫米和7.62毫米口径的步枪弹。该套件重约220千克，在前线基地只需一小时即可完成套件安装，还能配置太阳能充电装置和底盘装甲等配件。

U1、“骡子”和“鳄鱼”

U1四轮越野车由HDT公司专为军事用途所开发，使用一台汽缸容量750毫升的四冲程两缸发动机，可切换两轮驱动或四轮驱动，配备强化底盘，最高时速80千米/小时，可搭乘四名士兵。车头前部装有绞盘，行驶噪音比其他四轮驱动车更安静。

MULE 3010“骡子”四轮驱动轻型全地形车则由美国UV Country公司研制生产。该车原型是日本川崎重工的户外打猎用车，可搭载四名乘员，配备一台汽缸容量617毫升的水冷柴油机，车重650千克，可运载重约600千克的物资。

“鳄鱼”全地形车是美国约翰·迪尔公司生产的一系列民用小型多功能全地形车，其基本设计类似皮卡，配备小型四冲程汽油机或农用柴油机。1997年，美军第55医疗旅第261医疗营带了一辆“鳄鱼”车到波黑参与维和行动。这辆“鳄鱼”被漆上迷彩涂装，并在发动机盖上安装托架与枪架，车后方可容纳两个担架。之后，美国陆军开始采购“军用鳄鱼”，该车重700千克，可载重500千克，配备一台三缸柴油机，时速不超过32千米/小时，可用中型直升机空运或C-130运输机空投。除了美国陆军，在阿富汗的加拿大部队也购买过“鳄鱼”车。

德国“美洲豹”步兵战车

装甲新贵：
德国“美洲豹”步兵战车

文 | 安太

2014年初，由德国项目系统和管理公司研制的“美洲豹”步兵战车正式进入德国陆军服役，标志着这款“装甲新贵”终于能在军中大显身手了。按照德国军方的计划，“美洲豹”步兵战车将与“豹-2”主战坦克一起成为21世纪德国陆军的主要装甲力量。

早在1996年，德国陆军就提出了研制新型装甲平台的需求。不过由于随后数年内德国国防预算被削减，原先设想中重达55～70吨的装甲车研制项目被取消。直到2000年，德国陆军才重新确定研制50吨级装甲平台。然而，“9·11”事件引发的反恐战争再次打乱了德国新型装甲车辆的发展计划。为了在北约框架下参加反恐战争，德国陆军需要能用A400M运输机投送的装甲车，因此车辆的重量不能超过32吨，50吨级装甲平台的研制计划再遭否决。

2002年夏秋，德国召开了几次危机会议，最终决定继续研制新型装甲车；同年9月，德国国防技术和采购办公室（BWB）与PSM公司签订了研制合同，车型代号“美洲豹”。2005年12月，首辆“美洲豹”样车交付德国陆军，开始进行测试。由于在测试中，样车暴露出许多问题，批量采购计划多次推延，直到2009年5月，德国联邦法院才批准了预算委员会的采购预算。2009年7月，德国陆军与PSM公司签订采购405辆“美洲豹”的合同，总额约30.5亿欧元。

2010年10月，首批两辆预生产型“美洲豹”交付德国陆军。2012年，“美洲豹”成功完成了在挪威进行的寒区测试；同年7月，德国国防部将采购总数削减至350辆。2013年8月，两辆美洲豹被送到阿联酋，进行沙漠环境下的性能测试。

基本结构

“美洲豹”的车体长7.4米，车宽3.43米（加装附加装甲后宽3.71米），车高3.05米（至车长周视瞄准镜顶部）。它采用传统布局，即动力舱前置、中部为战斗舱、后部为载员舱。车首上装甲和下装甲均为略带弧形的大倾斜平面，有良好的避弹外形。

驾驶舱位于左前部，动力舱位于右前部。驾驶舱前方设有三具大视场潜望镜，舱内有液晶显示屏、车内通话器和必要的仪表。动力舱装有柴油发动机和传动装置组成的动力包，结构紧凑，可整体吊装。动力舱后上方是进气百叶窗，车体右侧布置有三角形排气百叶窗。发动机排气管绕经车首左侧，再沿左侧车体一直通到车尾，并向后下方排出。比较特别的是，驾驶舱的舱盖没有采用常见的圆形，而是方形，开启方式也不是向上方推开，而是向左侧滑动开启。

由于“美洲豹”采用遥控无人炮塔，车长席和炮长席设在动力舱后部的车体内，车长位于炮长右侧。车长席有独立顶部舱口，舱口周围环形布置六具潜望镜，具有很宽的观察范围。车长席前方有液晶显示屏，能显示周视观瞄镜、CCD 相机采集的图像。车长席周围还有无线电台、卫星导航设备和火控计算机等。炮长席前方也有液晶显示屏，左侧是火力控制面板。炮长还拥有车内通话器、火控操纵手柄等设备。炮长席没有顶部舱口，炮长需要和步兵一起从尾门出入。

车体中部上方的电控无人炮塔偏左安装，由基体、高低向枢轴支座（用来安装武器）及驱动装置、潜望瞄准镜、光学瞄准系统、炮塔座圈支座和滑环传送器组成。炮塔正面左前侧有炮长观瞄镜，右前侧安装机炮和并列机枪。此外，炮塔上还设有输弹通道和操作舱口。

载员舱可乘坐 6 名武装步兵，其中 4 名位于车体内中后部右侧，头顶有长方形舱盖，另外 2 名位于车体后部左侧。载员舱前方有 1 个大尺寸显示器，可显示车辆外部图像。车尾电控装甲尾门则是载员的主要出入通道。“美洲豹”在设计上还特别注意可维护性，车内配有功能全面的内置检测设备，能大大减轻维修保养的工作量。

动力系统

“美洲豹”装有 1 台 MT－892 型 10 缸发动机，最大功率 800 千瓦。发动机有一个带中央电子控制的 170 千瓦发电机，能为 2 台 60 千瓦的冷却风扇和空调系统提供电力。传动装置为伦克公司专门研制的 HSWL－256 型自动传动装置，由 1 个带闭锁离合器的电液传动控制变矩器、1 个转向机构和 1 个 6 档变速箱组成。值得一提的是，制动装置和电液传动控制系统都整合在了变速箱里。

“美洲豹”采用KMW研制的液气悬挂系统（含一体化油箱），支架采用装甲钢以硬壳式结构焊接而成，该硬壳式结构同时构成主油箱。为了降低车内噪声，“美洲豹”的行动部分支架被放置在橡胶轴承上。

由迪尔－雷姆沙伊德公司研制的行走系统包括主动轮、6对等距布置负重轮、后置诱导轮、3对托带轮和履带。履带采用轻型钢制双销挂胶设计，宽约450毫米。

火控系统

“美洲豹”遥控炮塔的主炮为1门MK30－2型机炮（口径30毫米，重约198千克），使用北约标准30×173毫米弹药，炮口加装专用制退器，并安装有弹丸测速线圈和弹丸编程装置。炮管长3.78米，双向弹链供弹，可单发、点射和连发，最大射速每分钟700发，战斗射速每分钟200发，射程3 000米。炮管采用了内膛镀铬技术，可延长使用寿命。必要时，“美洲豹”还可以在炮塔两侧加装“长钉－LR”反坦克导弹增强火力。不过，“长钉－LR”发射器无法在车内进行再装填。

“美洲豹”配装的数字化火控系统异常先进，包括双向稳定系统、炮长观瞄镜、车长独立周视观瞄镜、火力控制面板、多功能显示设备、弹道计算机和激光测距仪等。其中炮长观瞄镜、车长独立周视观瞄镜等光学设备均由高分辨率CCD相机、ATTICA型热成像仪和激光测距仪组成，最大作用距离约40千米，测距精度5米，而且CCD相机和热成像仪均有多个可变倍率，分别用于远距搜索、近距识别和跟踪。“美洲豹”还采用了世界领先的“平面探测器”技术，可将不同观瞄组件获得的图像叠加到一个目镜里，以便在同一个目镜里看到刻度标记、目标和炮塔位置等多种数据。

防护能力

“美洲豹”现有3种级别，其中基本型重约29.4吨。防地雷组件能抵御8千克TNT装药的反坦克地雷，炮塔和车体正面能抵御14.5毫米穿甲弹、155毫米炮弹破片。A级防护标准的“美洲豹”重约31.45吨，能抵御空心装药反坦克火箭筒，地雷防护组件可抵御 10 千克 TNT 装药的反坦克地雷。C 级防护标准的“美洲豹”重约 41 吨，车体和炮塔上附加了大量装甲套件，可抵御 30 毫米穿甲弹、空心装药反坦克火箭筒、大口径榴弹破片、炸弹破片的攻击，车体底部可抵御“爆炸成形”侵彻型反坦克地雷。

“美洲豹”的其他防护手段还包括三防系统、自动灭火抑爆系统等。此外，炮塔两侧的 76 毫米烟幕弹 / 榴弹发射器不仅能发射烟幕弹，还可发射破片榴弹打击近程目标，杀伤范围在 25～65 米。

结　语

“美洲豹”步兵战车性能虽然优异，但自问世以来却也受到不少质疑。首先，该车的重量和体积相对较大，几乎与主战坦克相差无几，不符合现在世界轻型装甲车辆的发展主流。其次，“美洲豹”的单价高达 700 万欧元，堪比美制 M1A2 主战坦克。最后，“美洲豹”的辅助武器是口径为 5.56 毫米的机枪，而不是北约普遍装备的 7.62 毫米，这导致其辅助武器的射程和威力略有不足。

改进型 T-72 坦克

旧瓶装新酒：
俄军改进型 T-72 坦克

文 | 萧萧

自20世纪70年代初问世以来，T-72主战坦克就因可靠耐用和价格较低的特性，大量装备苏联陆军，且由于T-72不像同时代的T-64和T-80坦克带有敏感技术，所以被大量出口。据估计，包括授权生产在内，累计有超过3万辆T-72服役于40余个国家。如今，在原产国俄罗斯，T-72坦克仍将在未来几十年间充当俄陆军的骨干力量，有“顶级T-72”之称的T-72BA和T-72B3也频频露面。

坦克“翻新” 提升战力

按常理来说，T-72坦克的替代者——T-90坦克早在1993年就问世了，但俄罗斯长期凋敝的经济使得军方无力大量采购，迄今部署量不到500辆。因此，苏联时代遗留的大量T-72系列坦克依然是俄陆军的主力兵器。

不过，由于T-72系列坦克在20世纪90年代初便已停产，所以服役于俄军的T-72大多是20世纪70年代末生产的T-72A和20世纪80年代中期生产的T-72B/B1，为了使这些老旧坦克继续服役，俄军近几年对T-72展开延寿改进工作。由于T-72A“年事已高”，利用价值较低，因此俄军把较新的T-72B作为翻新重点，相关工作被交予乌拉尔机械车辆厂。

据乌拉尔厂透露，改造的第一步是翻修，工序相当烦琐。首先每辆T-72都要完全卸除弹药与油料，然后对车体进行完全分解，随后对各部件进行故障检测、修复或更换，再安装新传动系统和发动机，最后则是安装新的悬挂装置、车载电子系统、消防系统、通信系统和自动装弹机。此外，炮塔也是翻修重点，内容包括新炮塔部件、新内衬、新火控系统和火炮。完成翻修的炮塔被装回底盘，随后敷设附加装甲。组装完毕的坦克必须通过检测，才能重新喷漆，等待出厂交付部队。

T-72BA “全新”登场

据报道，T-72B坦克的改造项目代号“184A工程”，代表T-72B坦克的升级版（当年T-72B的项目发展代号是“184工程”），所以俄军也把“美容”后的T-72B称为“T-72BA”。T-72BA最受俄军官兵称道的地方有两点：一是车况大大改善，演习和作战时“中途趴窝”的现象大大减少；二是换上了由天顶设计局开发的1A40－1M数字化“猎－歼”火控系统，射击准头大增。

据悉，1A40－1M的主要改进包括：用数字式弹道计算机取代模拟式计算器；新增半自动目标追踪功能；新增DVE－BS气象数据传感器，可自动探测横风、气温、大气压等数据。该火控系统允许车长超越炮长进行射击，从而使车长在必要时能“先发制人”。

T－72B所用的TKN－3型车长瞄准具内置第一代微光夜视仪，被动模式下的夜视距离只有400米，而T－72BA上安装的TKN－3MK型车长瞄准具换用第二代微光夜视仪，被动模式下的夜视距离提升到800米，若结合新型激光红外探照灯的辅助，其夜间探测距离可达1 500米。为改善夜间驾驶的性能，T－72BA还换装了TVN－5型夜视潜望镜，在只开启微光系统的被动模式下，有效识别距离为180米，开启激光红外探照灯后，夜视距离为800米。需要指出的是，T－72BA换装了2E42－4型主炮稳定系统，能使坦克在行进状态下维持主炮指向，使坦克在越野行驶时仍能准确射击。

至于越野性能方面，T－72BA加装新型液压减震系统，减震能力提高30%～40%，扭力杆的强度也得到加强，底盘能承受更大冲击；履带内缘加装橡胶垫片，以吸收震动、减少噪音，并加装除静电装置，能去除履带金属与橡胶摩擦产生的静电。

为提升战场存活能力，T－72BA还安装了新的ZETs－13自动消防系统，采用的消防剂为三氟溴甲烷与二氯二氟代甲烷混合物，结合分布在车上不同位置的10个火警传感器和15个温度传感器构成的火灾感应链，可在探测到火源的150毫秒内喷射出90%消防药剂，迅速压制火源，避免车内着火诱爆弹药。

T-72B3更为优秀

T－72BA的改进从1999年持续到2010年，累计有200余辆交付俄军，但随着俄罗斯的经济状况不断改善，低成本的T－72BA延寿方案被叫停，转而开始实施改进力度更大的T－72B3方案，目的是将T－72的火力、防护力和机动力全面提升到T－90的水平。

T－72B3的主炮换装了更精密的2A46M－5型滑膛炮，其制造工艺有很大改进，加工公差进一步缩小，搭配炮管弯曲测量装置，不仅可以保证炮管的使用寿命，而且可以令射击散布射面积比原本缩小40%，射击精度至少提升15%。T-72B3的防护力提升主要依靠加装与T-90相似的第三代“接触-5”反应式装甲、“窗帘”主动光电对抗系统与EMPS主动地雷防御系统。在机动能力方面，T-72B3换装T-90S的V-92S2柴油发动机，达到与T-90相当的机动能力。

从2012年投产至2013年底，共有180余辆T-72B3进入俄军服役。有意思的是，俄国防部自行压缩了改进T-72坦克的数量，原因是这几年国防预算增加不少，采购T-90的经费有了保障。

展望未来，俄军的“目标坦克”，既不是T-72升级版，也不是T-90，而是计划从2015年起列装的“大舰队”主战坦克。后者采用口径152毫米的主炮，威力世界第一。另外，俄军还打算利用“大舰队”的底盘发展通用化履带装甲车族，继而实现全军装甲战车标准化。在这一原则下，俄军现役坦克理论上都是“消耗品”，只不过为俄军服务超过40年的T-72依然有不小的魅力。

航空航天

“勇气”旋翼机在战区降落

有望取代
“鱼鹰”的“勇气”旋翼机

文—毕晓普

或许是由于V－22“鱼鹰”倾转旋翼机的可靠性经常受到质疑，美军正在寻找“鱼鹰”的接班人，并且有了眉目。2013年6月5日，贝尔直升机公司宣布其研制的第三代倾转旋翼机——V－280“勇气”被美军“多任务技术验证机”（JMR－TD）项目选中。按照该公司的说法，V－280在低速灵活性、高速大过载机动性能、燃油效率等各方面都大大优于V－22，并且能飞更远的航程，这都保证了“勇气”取代“鱼鹰”有充分的“技术合理性”。

要比“鱼鹰”更皮实

贝尔直升机公司商业代表承认，V－280的基础设计脱胎于“鱼鹰”，但更强调经济性。该机具备较高技术成熟度和作战水平，可像“鱼鹰”一样垂直起降，最大起飞重量6.8吨左右，巡航时速为518千米/小时，作战半径可达1 481千米，适合在高海拔地区执行远程作战任务。

尽管设计思路脱胎于“鱼鹰”，但“勇气”毕竟与“鱼鹰”有所不同。与“前辈”相比，V－280旋翼机最明显的区别是发动机配置。其发动机机舱由倾转变为水平固定。按照贝尔直升机公司的说法，这种设计可以使旋翼机在战区着陆时降低敌方火力的威胁。V－280在设计过程中始终坚持低成本理念，比起V－22高达380亿美元的研发经费，V－280的耗费少得多。从公开资料可以看到，V－280将V－22的前掠翼改为直翼，更加简化和流畅。同时，新型机还采用蜂窝复合材料生产大型整体旋翼，一来可减轻重量并降低成本，二来可对损伤进行实时监测。

在当前愈发窘迫的财政压力下，美军最迫切的愿望是用最小代价实现最大回报，V－280的设计理念充分体现这一点。与传统直升机相比，V－280所用零部件减少了，但战场运输能力未受多大影响。贝尔直升机公司介绍称，此次推出的V－280“勇气”旋翼机可一次运送11名全副武装的战斗人员，从运力来看，属于中型旋翼机。综合起来分析，无论巡航速度、续航力还是运输能力，V－280“勇气”都是一款性价比不错的旋翼机。

继承“鱼鹰”优势

V－280“勇气”并非从源头上创新，而是对V－22“鱼鹰”倾转旋翼机的继承和补充。作为贝尔和波音公司联合设计制造的首款倾转旋翼机，V-22“鱼鹰”的诞生，颠覆直升机的设计制造理论。当其推进装置垂直向上产生升力时，便可像飞行器垂直起飞、降落或悬停；起飞后，推进装置可转到水平位置产生向前的推力，像固定翼飞机一样飞行。这就使之兼有固定翼螺旋桨飞机的高速、长航程、低油耗的优点，又可垂直起降。1973 年，贝尔直升机公司着手这种倾转旋翼飞机的研究。25 年后，首架“鱼鹰”开始生产并交付美国海军陆战队试用。

V-280 继承了“鱼鹰”的五大优点。第一是速度快，“鱼鹰”的巡航时速为 509 千米，最大时速可达 650 千米。这一点，新型 V-280 完全能与之媲美。第二是噪声小，倾转旋翼机因巡航时以固定翼飞机的方式飞行，噪声远比传统直升机的螺旋桨声音小。第三是航程远，“鱼鹰”的航程大于 1 850 千米，若再加满两个转场油箱，航程可达 3 890 千米。而 V-280 采用轻质机身材料，航程只会增不会减。第四是耗油率低，倾转旋翼机在巡航飞行时，因机翼可产生升力，相同时间内耗油率比常规直升机低。第五是振动小，倾转旋翼机的旋翼布局在远离机身的机翼尖端，且旋翼直径较小，因此座舱的振动水平比一般直升机低得多。

除继承“前辈”优点，V-280 也善于吸取前车之鉴，避免不少弯路。比如，V-280 的研发直接在“鱼鹰”现有成熟的技术基础上进行，缩短研制周期；而“鱼鹰”的研制周期长达半个世纪，且目前的技术仍不是很成熟。而以“鱼鹰”为基础研发新型旋翼机，无疑会降低旋翼机的研制费用。要知道，倾转旋翼机是一项高新技术产品，技术复杂、难度高，要验证各项技术需要很高的费用。据估算，“鱼鹰”倾转旋翼机的研制总费用达 380 亿美元，海军型 MV-22 的单价更是达到 4 400 万美元。而 V-280 在“鱼鹰”的基础上降低气动复杂性，该机不再采用“鱼鹰”的前掠翼设计，这使得其在旋翼机前飞速度很低且下降速度较大时，不会因陷入下沉气流而导致坠机。

事实上，“鱼鹰”倾转旋翼机已经发生多次意外事故。其中，一些事故是由于安装了不符合标准的零件和软件故障引起的，另一些事故则是由于遭遇了危险的涡环气流影响。正因为“鱼鹰”的可靠性和维修性不甚理想，美军才强烈要求贝尔和波音公司对发动机舱进行重新设计。V-280 正是在这样的背景下诞生的。

为更新换代做准备

按照美军的预想，V－280研制定型后，将用于取代现役UH－60“黑鹰”及AH－64“阿帕奇”。据统计，美军现役直升机包括运输直升机、武装直升机、侦察直升机、反潜直升机、扫雷直升机、特种直升机、空中加油直升机和无人驾驶航空侦察器。其中，AH－64“阿帕奇”和AH－1“眼镜蛇”为美军现役主力武装直升机机型，CH－47“支努干”直升机专事运输，UH－60“黑鹰”和MH－60“铺路爪”则是多任务直升机。

除较新的“鱼鹰”外，这些直升机的共同特点是，研制时间早，服役时间长。随着时间的推移，这些直升机的设备渐渐老化，维护保养越来越困难，难以满足美军作战需要。尤其是近几年来，美军现役直升机的可靠性越来越差，机毁人亡事件时有发生，这促使美军加速直升机装备的更新换代步伐。

据悉，贝尔直升机公司已为V－280旋翼机设计了两个类型：一种是通用型，可搭载11名战斗人员和4名机组人员；另一种是攻击型，用于取代AH－64“阿帕奇”直升机。为满足交付需求，贝尔直升机公司正将精力集中在提升新型旋翼机的速度、航程及生产能力上。

不过，也有专家指出，由于V－280“勇气”继承了“鱼鹰”的大部分理念，一些“鱼鹰”的痼疾仍然存在，如在旋翼倾转过程中，机体稳定性仍有缺陷。而美国航空航天局所做的一项评估也发现，还有未知的航空力学现象威胁此类飞机的安全。由此可见，倾转旋翼机的许多技术仍有待进一步研究和验证。

猎雷海龙 MH-53E

猎雷海龙：
美海军 MH-53E 舰载直升机

文—安然

与他国多以扫雷舰艇进行“接触性反水雷战”不同，爱好高科技的美国人却极为欣赏“以空制海”的直升机在反水雷方面的功用。为了免遭水雷威胁，美军在海湾地区部署了 MH－53E 扫雷直升机。

武装到牙齿的“海龙”

据介绍，美军向海湾抽调的 MH－53E 是拿西科斯基公司的 CH－53E 重型运输直升机制造的，首架量产机于 1986 年交付海军，绰号“海龙”，迄今装备美国海军 57 架。该机安装具有 7 片桨叶的全铰接式旋翼，每片桨叶有钛合金大梁，Nomex 蜂窝芯和玻璃纤维环氧树脂复合材料蒙皮，既耐磨损，又可应对高盐高湿环境的侵袭。它的机身由轻合金、钢和钛合金制成，可承受遭打击时产生的高过载力。

MH－53E 采用大推力涡轴发动机，单台功率为 3 266 千瓦，空重 16 482 公斤，最大拖曳力 111 千牛。由于发动机功率加大，特别适合在高温环境（对于类似波斯湾的地区来说是很关键的）和恶劣海况下执行扫雷任务，能在高达 5 级的海况下扫雷 4 小时，并向 MK105 拖曳水翼筏输送 1 815 千克燃油。MH－53E 机身两侧的油箱明显加大，能多装 2 785 升燃油，增加了该机的航程和滞空时间。加大的油箱还导致机身两侧舷窗各减少一个。两个在机身后部少许加大的逃生舱门（窗），在紧急情况下更容易逃出机组人员。整体式复合材料拖曳杆和杆头的拖曳钩可拖 13 600 千克的重物。

在机载设备方面，MH－53E 装有 AN/APN－217 多普勒气象雷达和 AN/APN－171 雷达高度表；采用 Raydist 雷区导航方式及多普勒和奥米加导航系统，增装二余度数字式自动飞行控制系统，增装与进入和离开悬停状态相匹配的自动拖曳耦合器。根据水雷种类的差别，MH－53E 大多使用机械扫雷具、音响扫雷具、电磁扫雷具，个别的还有水压扫雷具和复合扫雷具等作战。其中，MK103 机械扫雷具是 MH－53E 直升机最拿手的工具，它用于扫除锚雷，由拖曳索、扫雷索、浮标、定深器、扫雷具展开板、爆炸式断索器和浮标索组成。这种设备的作用是用来断开锚雷的系留索，待水雷浮到水面之后再用直升机自带的航空机枪将其摧毁。

直升机还可携带 MK105 电磁扫雷具，其主体是一个水翼筏，由直升机用

135 米长、直径 4 英寸的脐带式拖曳索以每小时 25 节的速度拖曳前进。筏内装一台小型燃气轮机驱动的发电机，向一对电极充电。电极在电流的作用下可以产生与舰船类似的磁场，诱使磁性水雷因此爆炸。

和扫雷舰艇一样，MH－53E 扫雷直升机也装有 AN/AQS－14 拖曳声呐系统，它由一种多波束侧视声呐装在三米长的鱼形容器中而构成。这种装置有集束、聚焦和一定的信号处理能力。它能对探测到的水雷或类似水雷的物体进行定位、鉴别和记录，以便载机上的相关人员作进一步分析、检查，或决定停止作业，或实施排除作业。多波束声呐技术便于快速搜索，因此增加了直升机探雷能力，该声呐 1991 年在苏伊士湾经受了首次实战考验。在那次扫雷作业中，尽管经常遭遇坏天气和恶劣海况，但声呐的表现令人满意。此外，MH－53E 还装备有 AN/AQS－20 拖曳声呐系统。

“老干将”猎雷“无压力”

对美军来说，MH－53E 堪称“老干将”。早在 1991 年海湾战争前后，美军只出动 6 架 MH－53E 直升机，便在短时间内“清扫”出 1 980 平方米海域的“安全区”。而在 2003 年的伊拉克战争中，美军 MH－53E 的出勤率为 83.1%，出色完成了在波斯湾的扫雷任务。前美国海军作战部长认为，扫雷舰艇存在航速慢、效率低，操作人员多，运行成本高昂的缺陷，特别是灭雷时需要靠近水雷，甚至误入雷场，在扫雷作业时安全性较差，因此发展扫雷直升机是“可取之道”。

据测算，美军直升机牵引扫雷水翼筏的速度可达 25 节，而扫雷舰的最大航速一般为 14～15 节。在远距离奔赴战区时，扫雷直升机可以由巨型运输机（如 C－5、安－124）空运快速部署到遥远的战区。如果到中东附近海域执行任务，由一架 C－5 运输机从美国本土一次空运两架 MH－53E 直升机，两三天之内就可以投入扫雷行动。而水面扫 / 猎雷舰艇则要花几周时间才能到达目的地。

和鱼雷这种水中武器一样，水雷在水下爆炸的威力远大于在空气中爆炸的同等装药的炸弹，因为水的密度比空气大 800 倍，而压缩性只有空气的 1/2 500，是爆炸的良好导体。炸药在水中爆炸瞬间，可形成几万个大气压和几千摄氏度的高温气体，并以 6 000～7 000 米 / 秒的速度迅速膨胀，强大的冲击波可以轻易击穿舰艇的水下部分。另外，在高温高压气体膨胀的同时，内部压力降低，当低到小于海水静压力时，气泡收缩，收缩后，内压又增高，当高于海水静压力时又开始膨胀。如此反复可达 10 余次，这就形成了空气爆炸中所没有的一胀一缩的脉动压力。这个压力虽然不大，但持续时间长，它在冲击波冲击之后，带动水流继续冲击舰体，使破口扩大。扫雷舰艇一旦被水雷击中，后果不堪设想。可是水雷在水中爆炸，对飞行中的直升机和空乘人员完全“无压力”，可以轻松完成扫雷任务。

俄“米-35M”武装直升机

文 | 安然

超级雌鹿：米-35M武装直升机

近年来，俄罗斯和巴基斯坦的关系日渐亲密，双方已签署多项合作协议，巴陆军也有望列装代号“超级雌鹿”的俄制米-35M重型武装直升机，提升执行军事任务和反恐任务的能力。有分析称，巴军目前仅有美国军援的二手AH-1S“眼镜蛇”武装直升机，但美国经常以军售作为影响他国决策的筹码，且美制武器使用成本高昂，因此巴军方有意“改换门庭”。

具体到武装直升机项目上，据俄《军工综合体》透露，俄方起初向巴方推荐最先进的米-28N武装直升机，但巴方受预算限制，希望采购性价比更高的产品。于是，俄方转而推荐在米-24基础上升级改造的米-35M武装直升机，没想到“效果不错”，双方迅速进入具体洽谈阶段。

改装“雌鹿”，推陈出新

米–35M的前身是装备量高达2 000余架的米–24武装直升机（代号“雌鹿”），后者诞生于20世纪70年代，迄今参加过大小20余场局部冲突，可谓“久经考验”。正是基于丰富的实战经验，原开发商俄罗斯米里设计局在2013年首次推出升级版米–35M样机，目标客户就是广大的第三世界国家，特别是对米–24充满信任，同时又嫌西方同类产品（如“阿帕奇”“猫鼬”等）过分“高大上”的用户。

米–35M机体长（不含主旋翼、尾桨、航炮）17.50米，高（含主旋翼和尾桨）6.50米，空重8.2吨，最大外部载荷2.4吨，正常起飞重量11.2吨，最大起飞重量11.5吨。该机沿用米–24V的机体布局，但对关键部位进行了改造。以旋翼系统为例，米–24V采用5片主旋翼，桨叶大梁为钛合金材质，外敷玻璃钢蒙皮，内部填充蜂窝结构材料，而米–35M的主旋翼桨叶采用复合材料制造（玻璃纤维D型翼梁与蜂窝结构凯夫拉材料相结合），使得米–35M的旋翼直径比米–24增大20厘米，重量却更轻。

在动力方面，米–35M采用2台VK–2500涡轴发动机，配备数字式功率调节器和自动飞控记录仪，最大输出功率2 500马力。与米–24相比，米–35M的动力增加了30%。值得一提的是，米–35M的发动机具备良好的高空性能，在高原飞行时的安全系数大大提高。俄军曾在高加索山区试用米–35M，发现其动力系统可在–50摄氏度的恶劣气候条件下正常工作，且发动机使用寿命达到7 500小时。此外，米–35M的发动机排气口安装了向上排气的转向器，能减少红外信号辐射和大幅降噪。

机载武器，威力巨大

米–35M机体两侧各有1个长约5.8米的短翼，可挂载武器。每个短翼下有2个武器挂点，内侧挂点可安装火箭巢，外侧挂点可安装名为“风暴”的导弹发射架（可容纳8枚9M114反坦克导弹）。9M114导弹能精确打击地面目标，最大射程5千米，可配装穿甲爆破战斗部或云爆弹战斗部。

米–35M的导弹发射工作由前舱武器操作员完成，他配备有虹–Sh综合瞄准系统。在制导仪器辅助下，武器操作员能迅速发现目标，随后只需将瞄准线稳定地对准目标并按下发射钮，导弹就会在无线电指令的引导下飞向目标。9M114 导弹的飞行速度超过音速，能极大地缩短打击时间，从导弹发射到击中目标仅几秒钟。

曾在高加索反恐行动中试用过米-35M 的俄军机组对“风暴”发射架和 9M114 导弹评价极高。他们表示，9M114 导弹可以完美打击各种类型的目标，从武装车队到工事掩体都不在话下，穿甲爆破战斗部威力巨大，可以击穿厚达半米的钢板，轻松摧毁掩体和混凝土建筑。

米-35M 机头下方还安装了 1 门双管航炮（口径 23 毫米），有效射程 3 000 米，射速每分钟 900 发，可在 1 500 米处击穿 12 毫米厚的均质钢装甲。

旧瓶新酒，受到青睐

在座舱设计方面，米-35M 采用串列式布局，飞行员坐在后舱，武器操作员坐在前舱，两人的座椅均有装甲防护。飞行员和武器操作员的座位正面都有两块多功能液晶显示屏（20 厘米 ×15 厘米），它采用高亮显示技术，即便在强烈阳光照射下也能清晰看清显示内容。这些显示器不仅完全取代了老式座舱里面的大量机械仪表，能显示详细的飞行参数，还能显示战场态势和武器系统数据，尤其是能够显示目标的红外图像。此外，米-35M 还加装了米-24 所没有的昼夜多通道光电观瞄系统，具有强大的夜间观察和搜索能力，飞行员通过使用头盔内的前视红外显示器，可以在夜暗环境下看到清晰的地面图像。

目前，俄空军已采购至少 24 架米-35M 武装直升机，巴西、印尼、委内瑞拉、捷克等国也与俄方签署采购协议。其中，最具指标意义的是在巴西陆军武装直升机采购项目中，在“雌鹿”基础上升级改造的米-35M 武装直升机打败了欧洲 PAH-2“虎”式武装直升机、A-129“猫鼬”武装直升机等全新设计的机型。由此可见，在军事技术领域，没有绝对落后的武器。

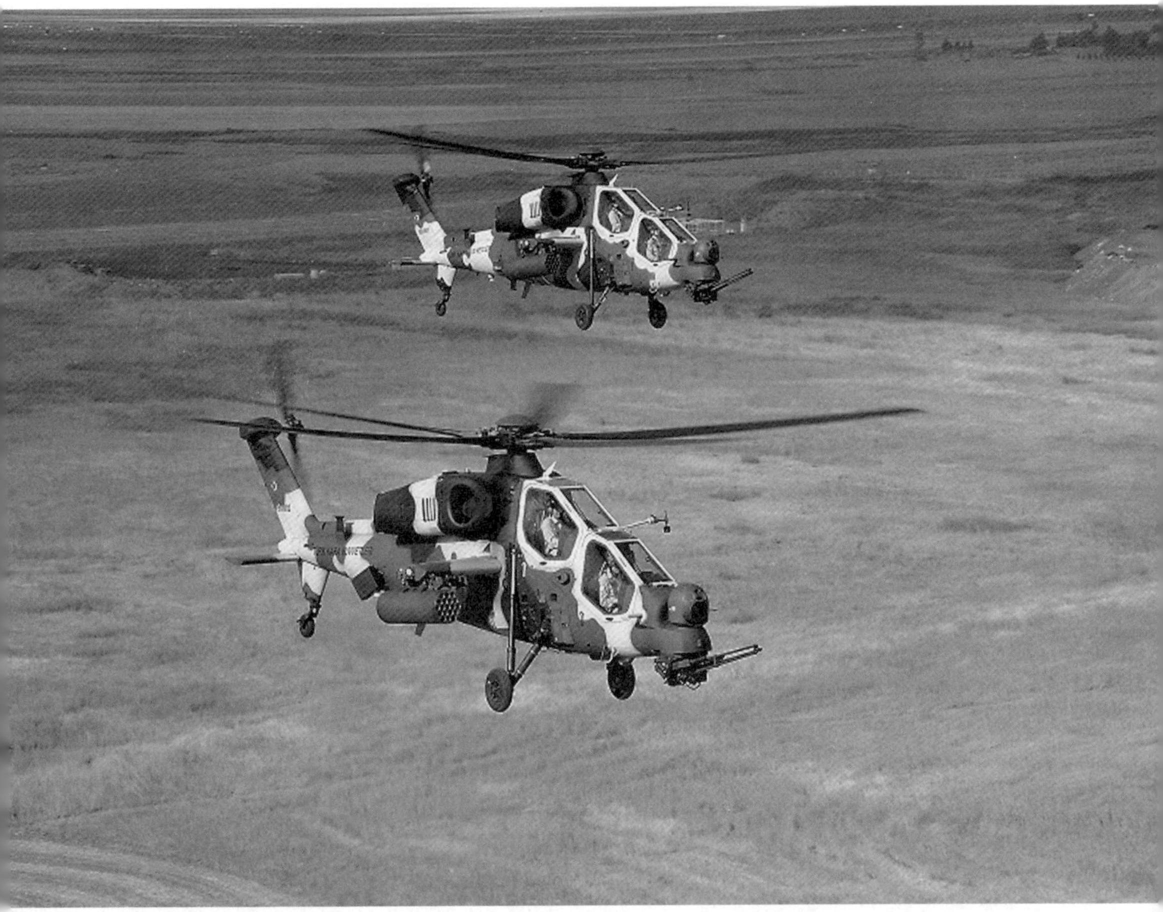

土耳其 T-129 武装直升机

低空小霸王：土耳其 T-129 武装直升机

文 — 黄山伐

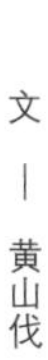

当欧洲多国经济不景气之际，被视为“欧洲看门人”的土耳其却进入了经济发展快车道，该国的军事工业也因此充满生机。经过长达 20 年的“国防本土化”，土耳其不仅能为本国军队提供大部分武器，还将军事装备出口到多个国家。2015 年，土耳其国防部重点推进的 T－129 武装直升机项目取得重大进展，首批九架 A 型机成功交付陆军部队，后续交付的 B 型机还会换装更先进的武器。

引进“猫鼬”全套技术

2009 年，土耳其国防工业局与欧洲公司签署一揽子合作协议，确定引进阿古斯塔·韦斯特兰公司（意大利与英国合资企业）的 A－129“猫鼬”武装直升机技术，在此基础上研制符合土耳其军方要求的 T－129 武装直升机。按照合同规定，阿古斯塔·韦斯特兰公司负责向土耳其航空工业公司提供“猫鼬”的全套技术资料。土耳其阿塞尔森（Aselsan）公司、图萨斯（TUSAS）公司等企业则负责生产航电设备、机载计算机和机载武器，并进行系统整合。目前，土耳其陆军航空兵已确定购买 60 架 T－129。

按照土耳其军方设定的技术指标，T－129 属于中型武装直升机，采用串行双座座舱布局（武器控制员在前，驾驶员在后），机体长约 12.5 米，高约 3.4 米，旋翼直径 11.9 米，尾桨直径 2.4 米，空重 4.6 吨，最大起飞重量 5 吨，航程 1 000 千米，最大平飞速度 269 千米 / 小时，巡航速度 220 千米 / 小时，爬升率为 13 米 / 秒，实用升限 4 000 米，续航时间 3 小时。主旋翼大梁采用碳纤维和凯夫拉材料制造，复合材料蒙皮，旋翼前缘抗磨损包条由不锈钢制造，具有较高强度，可以抵御 23 毫米口径弹药的直接射击，高速运行时还能割断直径 15 厘米粗的树干。

据报道，当前投入测试的 T－129 原型机采用美国轻型直升机公司（LHTEC，由英国罗·罗和美国霍尼韦尔公司合办）提供的 CTS－800－4AN 涡轴发动机，额定功率 1 255 马力，最大输出功率 1 310 马力。该发动机曾被美国陆军确定用于 RAH－66“科曼奇”武装直升机，虽然“科曼奇”项目最终下马了，但发动机却被意大利“猫鼬”、英国 AW－159“野猫”武装直升机沿用，服役飞行时间超过五万小时，技术颇为成熟。

“低空小霸王”能打能防

在机体结构和防护措施方面，T－129基本沿用A－129的设计，机身结构为铝合金大梁和构架组成的常规半硬壳式结构，前机身采用翻卷式隔框用于保护机组乘员，中机身和油箱由蜂窝板制成，发动机等关键部位都有装甲防护，机体可抵御12.7毫米口径穿甲弹的射击。在抗坠毁性能方面，T－129采用“后三点式”起落架设计，主起落架带两级液压减震支撑杆，能在“硬着陆”状态下保证机体的安全。

为了提高对红外制导防空导弹的防御能力，T－129不仅在机身上喷涂了能吸收红外辐射的涂层，还在发动机排气管处加装了红外抑制装置。T－129的被动电子战系统包括雷达告警机、激光告警机，以及电子干扰机、箔条撒布器和热焰弹发射器。

在机载武器方面，T－129机头安装有1个轻型炮塔，内装TM197B型3管航炮，炮塔水平旋转角度为±90度，俯仰角为－45度至+20度，有效射程2 000米，射速750～1 500发/分钟，可使用北约M50、PGU系列弹药，具有较强的对地打击能力。不过，该炮的弱点是弹舱设置在机身后部，部分弹链暴露在机体之外，较易受损。T－129两侧设有短翼，最多可携带16枚反坦克导弹，或北约MK66、MK70式火箭发射巢。值得一提的是，T－129还能挂载法国研制的“西北风”空空导弹，打击敌方的直升机。

与精良的武器系统相比，T－129的航空电子产品也非常先进。它并未采用意大利原装的HeliTOW全天候昼夜观瞄系统和HIRNS前视红外系统，而是安装由本国阿塞尔森公司研制的AselFlir－300T光电传感器转塔。虽然土耳其没有公布相关技术细节，但从转塔的镜头来看，它集成了前视红外、昼夜摄像和激光测距瞄准等功能。

“佼佼者”有“动力之殇”

从性能参数和相关测试来看，T－129直升机应算是中型武装直升机中的“佼佼者”。不过，据俄罗斯《军工信使》报道，T－129在开发过程中也并非一帆风顺，曾有试飞员抱怨该型直升机在执行中有过载飞行时出现剧烈振动的问题，早期的工程样机还存在机体重量不平衡的问题，为此土耳其工程师试图修改机体布局，但导致该型直升机在山地条件下的使用性能下降。

更让土耳其人头疼的是，原本欧洲合作方打了包票的发动机货源遇到了大麻烦。由美国资本主导的 LHTEC 公司只同意为土耳其自用的 T-129 武装直升机提供成品发动机，但拒绝向土耳其图萨斯公司提供发动机的生产许可证，就连发动机的技术维护协议也不肯签署。考虑到土耳其希望出口 T-129 直升机，这势必对土耳其直升机事业造成消极影响。目前，土耳其国防工业局开始考虑“两条腿走路”的方案，即土耳其自用的 T-129 继续使用美国发动机，而出口型 T-129 则安装法国透博梅卡公司或乌克兰马达西奇公司的发动机。

不过，土耳其国防产品出口商协会主席拉蒂夫·阿拉尔·阿利斯强调，土耳其终归要实现军用发动机的国产化，并且随着国内国防工业逐渐增强，土耳其将逐步减少从其他国家进口国防装备。

美国 MH-60R 反潜直升机

美国 MH-60R “海鹰”
海战直升机

文 | 黄山伐

据外媒报道，2015 年 3 月，伊朗一架固定翼军机在波斯湾与美国海军的 MH-60R “海鹰” 直升机险些相撞，两机距离最近时不到 50 米。这起事件让 MH-60R “火” 了一把，作为美国舰载直升机的 “新锐”，MH-60R 频频跟随美军出没于全球热点地区，并被推销给美国的盟国，澳大利亚海军已将该机部署到堪培拉级两栖攻击舰上，韩国、日本、新加坡均有意引进，以提升各自的海基反潜和海上巡逻能力。

改变反潜作战的规则

看过好莱坞电影《猎杀 U571》的朋友，相信对其中的海战场面印象深刻，尤其是潜艇遭遇深水炸弹攻击的那一刻：水下传来的军舰探测声呐发出的声响如同啾啾鬼声，深水炸弹的爆炸声由远而近，每一次爆炸，都会让潜艇剧烈地震动，潜艇官兵躲在不见天日的“铁罐头”里，没人知道下一枚爆炸的深水炸弹会不会让自己葬身鱼腹……

这部电影很容易给人一种错觉，那就是潜艇一旦碰上大型水面战舰就只能乖乖挨打，然而真实情况却恰恰相反，二战以来，潜艇在与水面舰艇对抗时始终处于优势地位。这是因为水面舰艇只能在水面行动，早期能用的反潜武器也只有深水炸弹（必须从潜艇正上方投放，之前还必须设定爆炸深度，能否炸到目标全靠经验和运气），但潜艇却能在水中进行三维空间运动，利用海水隐蔽自己，伺机发动攻击。直到舰载直升机出现后，才改变了潜艇和水面舰艇的强弱对比。

反潜直升机将声呐、雷达、电子支援系统以及磁力探测仪集于一身，可以快速飞到远离战舰的水域，利用机载吊放式声呐先期发现潜艇，再由军舰或直升机发射反潜鱼雷或深水炸弹，实施攻击。对于舰载直升机在反潜作战中的价值，曾有军事专家给出一个简单的回答：“反潜任务有一个基本标准，一条水面舰船单独对抗一艘潜艇，水面舰必败无疑；一艘水面舰与一架舰载直升机配合，可以与一艘潜艇打成平手；两架舰载直升机配合一艘水面舰，就能有较大胜算。”

多用途“海战直升机”

说起 MH－60R，它是西方最先进的军用舰载直升机之一，由美国西科斯基公司研制，在功能上集合了美军 SH－60B、SH－60F 两款“海鹰”直升机的优点，可执行反潜战、水面战、水上搜救、侦察、通信中继、后勤运输、人员投送和垂直补给等多种任务。简单来说，MH－60R 属于“能上战场，能下操场”的全能“海战直升机”，适合执行从传统海战到海上安全行动的多种任务。

MH－60R 属于 10 吨级直升机，这一级别被各国海军公认为最适合充当舰载航空平台，因为它配备两台发动机，动力强劲，且内部空间宽敞，能搭载吊放声呐、雷达、电子战设备、反潜反舰武器等多种装备。公开数据显示，MH－60R 的飞行速度可达 267 千米 / 小时，航程 834 千米，飞行高度可超过 3 000 米，连续作业时间长达 4 小时。

洛克希德 · 马丁公司为 MH－60R 配备了数字化座舱、航电系统、红外探测转塔、雷达、声呐等设备。它的“眼睛”——APS－147 多模雷达（MMR）可以自动发现并跟踪 255 个目标，具有逆合成孔径雷达成像、声探测、潜望镜及小目标探测等能力，从而使 MH－60R 可以兼顾远程搜索和近距搜索。MH－60R 还装备了 AN/AQS－22 低频可调声呐、雷锡恩公司的 AAS－44 前视红外雷达、洛克希德 · 马丁公司的电子战支援系统等。该机的导航系统装备了双冗余全球定位惯性导航系统、多普勒战术导航系统以及卫星通信系统。MH－60R 携带的武器有 AGM－119“企鹅”反舰导弹、AGM－114“地狱火”反坦克导弹、MK46 和 MK50 反潜鱼雷，以及一挺 7.62 毫米口径的机枪。

尚堪使用，即将停产

为了提高 MH－60R 的性能，从 2012 年起，美国海军为 48 架配属在航母上的 MH－60R 直升机换装雷锡恩公司研制的“空基低频声呐系统”（ALFS），该声呐的水下目标识别、跟踪、定位、声学拦截、水下通信功能更为强大，尤其适合在声学环境复杂的浅海水域搜索隐蔽航行的潜艇，有助于航母作战群在执行濒海作战任务时防范敌方潜艇的攻击。

不仅如此，美国海军还与 L－3 通信公司签订了一份价值 2 790 万美元的合同，要求研制一种通用数据链，用于保障 MH－60R 直升机与军舰间的宽带数据链接，并为今后水面舰艇同时操作 MH－60R 直升机与无人机提供便利。据悉，美国海军已尝试在濒海战斗舰上同时部署 MH－60R“海鹰”直升机和 MQ－8B“火力侦察兵”无人直升机，由二者交替执行海面侦察巡逻和反潜任务。“火力侦察兵”可以有效弥补 MH－60R 直升机在航程、续航时间方面的短板，使军舰的海上监视能力得到增强。

MH－60R 的原型机于 2007 年开始交付美国海军，目前仍在生产的是 MK3 版本，美国海军已列装 160 架 MH－60R，部署到 13 个舰载直升机中队。至于海外市场，美国已向澳大利亚出口 24 架，向丹麦海军出口 9 架，其余还有韩国订购 8 架、卡塔尔订购 10 架，这些订单正在等待美方批准。另外，有消息称，日本也在考虑引进 MH－60R。

让人诧异的是，MH－60R 虽然先进，但习惯“体验新品”的美国海军已经开始研制下一代反潜直升机，西科斯基公司在 2014 年 8 月通知海外用户，MH－60R 生产线将于 2016 年关闭（之后将只出售民用版的 S－70B 直升机）。有军贸市场分析人士认为，这是美国军火商惯于玩弄的“清旧货，推新品”手段，先让外国客户为能买到与美军相同的武器“高兴”一下，再通过关闭生产线，切断零部件供应，迫使客户继续购买“下一代”武器，从而让自己始终“有钱赚”。

南非轻型侦察攻击机

南非
轻型多用途侦察攻击机

说起现代战机，价格高昂、性能先进的喷气式隐身战机无疑是其代表。但在如今的国家防务市场上，一款没有隐身能力，没有空空导弹，甚至没有喷气式发动机的多用途飞机却受到了多个非洲国家的青睐。它就是由南非帕拉蒙特集团推出的 AHRLAC 多用途侦察攻击机。

所谓AHRLAC，其实是“先进高性能侦察与监视轻型飞机”项目的英文缩写，其开发目的就是解决多数第三世界国家没钱购买正规战斗机，又需要功能多元化、维护简便化的军机来执行一系列情报监视、武装巡逻、反叛乱乃至反走私、救灾等任务，可以说AHRLAC就是“穷国的战斗机”。该机于2011年9月27日首度亮相，打出的名号是“第一款非洲人自主设计的军机”，由于它充分考虑到反恐等非对称作战的需求，因此外界颇为看好其市场前景，帕拉蒙特集团预计，该机未来的年销售额将达五亿美元。

据介绍，AHRLAC的气动布局简洁而紧凑，全长约10.5米，翼展12米，机高4米，采用上单翼、双尾撑和后推进式布局。这种布局把发动机放置在机身后部，不仅使宝贵的机头空间能安装更多探测传感设备，而且也便于在机头或机身两侧安装速射武器。工程师还在座舱设计上花费了一番功夫，向上开启的气泡式整体座舱盖和玻璃化座舱操作界面充满现代气息，前后座飞行员的垂直间隔高度差也很大，加上没有机翼遮挡，后座飞行员兼武器管制员能更方便地发现和锁定目标。另外，AHRLAC还配备两台英国马丁·贝克公司制造的MK16弹射座椅，方便飞行员紧急逃生。从公开的训练模拟器来看，该机的操作界面非常简洁，五块液晶显示屏呈“上三下二”布局，可显示各种飞行参数和任务信息，油门杆和操纵杆分别安置在座舱两侧，类似常规战斗机的侧杆操作模式。

熟悉航空的朋友都知道，轻型飞机通常难以兼顾大载荷和长续航时间两项指标，但AHRLAC却能两全其美。该机配备一台加拿大普拉特·惠特尼公司出品的PT64-66B涡桨发动机，额定功率达到950马力，具有油耗低、可靠性高的特点，使起飞重量仅3.8吨的AHRLAC具备7.5小时的持续滞空时间，最大飞行速度达到540千米/小时，最大航程2 037千米。

AHRLAC的设计初衷和最大卖点就在使用弹性极高，武器外挂点多达六个，可以灵活搭配多种武器装备。在攻击地面目标时，该型战机可以挂载20毫米口径的航炮吊舱、非制导火箭吊舱或空射反坦克导弹。尽管在面对喷气式战斗机时，AHRLAC几乎没有还手之力，但凭借卓越的低空低速性能，AHRLAC完全可以采取通常用于武装直升机的“打了就跑”战术。

俄罗斯“雅克-130”教练机

俄军“雅克-130”：
“杀手型教练机”

2015 年 4 月，孟加拉国空军接收了四架“雅克－130”高级教练机，这是俄、孟两国达成的一揽子军售协议的一部分。另据俄《消息报》报道，依照“2020 年前国家装备计划”（GPV－2020），俄空军也在加速用“雅克－130”教练机承担现役第四代战机乃至未来第五代战机的训练任务，预计采购量为 65 架。有分析指出，“雅克－130”有望成为世界教练机市场的“主角”。

项目进程一波三折

20世纪80年代末，苏联国防部启动新式教练机招标，要求研制双发动机通用教练机，替换从捷克斯洛伐克购买的L－39“信天翁”教练机。当时，雅科夫列夫设计局的“雅克－130”和米高扬设计局的米格－AT都是新式教练机项目的有力竞争者。不过，由于苏联解体，项目招标很快被冻结。

在20世纪的最后10年里，俄罗斯经济陷入困境，为了让科研生产单位生存下去，俄政府网开一面，允许某些非敏感军事科研项目引入外资合作，教练机项目赫然在列。经过谈判，已有成熟方案的雅科夫列夫设计局与意大利马基公司达成协议，双方在“雅克－130”的基础上发展多用途教练机。

然而，随着研发工作的深入，俄罗斯和意大利团队在重大技术课题和资金分配方面产生严重分歧，加之意大利方面拒绝保证“雅克－130”外销版能获得西方国家的航电设备，结果双方在“雅克－130”快要结案完工之际分道扬镳。令俄方气愤的是，意大利马基公司通过合作拿到“雅克－130”的所有技术资料后，迅速推出M346教练机，很快成为国际市场上炙手可热的新品。

尽管“起个大早，赶个晚集”，感到被耍弄的雅科夫列夫设计局仍然迅速振作起来，经过不懈努力，“雅克－130”终于在2003年赢得俄国防部招标，成为俄罗斯空军和海军航空兵的标准教练机。2006年，“雅克－130”正式投产，首批订货为12架，价值约3亿美元。目前，该型飞机同时在下诺夫哥罗德的雄鹰航空制造厂和新西伯利亚的伊尔库特航空科研联合体制造，前者主要负责俄空军的订货，后者则面向海外市场。

“多用途”成最大特点

“雅克－130”教练机的机体长11.49米，机身高4.76米，翼展9.72米，标准起飞重量6.35吨，内部油箱载油850～1 750千克，最大飞行速度1 000千米/小时，航程1 850千米，作战半径1 315千米，实用升限1.25万米，战斗载荷3吨，有6个武器外挂点。“雅克－130”的最大特点是多用途——既是教练机，又可充当轻型作战飞机，俄空军总司令邦达列夫称其为“杀手型教练机”。

“雅克－130”采用前后串联的双人座舱，座舱设备全都实现数字化，所有设备的数据信息都通过三个触摸式屏幕显示。机载智能化飞行控制系统可对所有设备进行有效监控。值得一提的是，这套飞控系统可以重新编程，以便模拟现役和未来即将服役的某一具体型号战机的飞行特性。

值得玩味的是，北约情报机关给“雅克－130”起了“米多姆”和“洋葱”两个绰号，这在俄式军机家族中是非常少见的。外界分析，这两个绰号反映了“雅克－130”的两项主要优点：“米多姆”是一种高强度铜镍合金，“雅克－130”获得这一绰号与其坚固的机体结构有关，该机在遭受小口径弹药打击时仍可带伤飞行，其粗壮的起落架使飞机能承受在简易跑道上起降时的颠簸撞击；以辛辣著称的“洋葱”则是指“雅克－130”的飞行特性同样带有“辛辣”味，它能在35度大迎角的状态下保持稳定飞行，即便在高速机动状态下也能精确投掷弹药。

“雅克－130”原本采用两台乌克兰马达西奇公司的AI－222－25无加力涡喷发动机，但在俄乌关系恶化后，乌克兰切断了发动机供货，俄国防部决定由克里莫夫设计局提供尺寸相当的发动机，据称这不会影响“雅克－130”的飞行品质和作战参数。

“雅克－130”可以在复杂气象条件下执行教练任务，也能进行空中格斗和对地对海打击。如果安装必要的火控系统，“雅克－130”就能摇身一变，成为轻型歼击机；如果加装副油箱和更多装甲，它就能成为强击机。更有甚者，雅科夫列夫设计局还基于“雅克－130”的机体，提出大型察打一体化无人机的方案，满足俄军和外军在“无人航空作战”方面的需求。

“捆绑销售”推动外销

根据俄罗斯联合飞机制造集团公司（OAK）的生产计划，“雅克－130”的总产量将超过500架，其中约400架出口。为了推动外销，经OAK协调，雅科夫列夫设计局与苏霍伊公司达成协议，将“雅克－130”与苏霍伊系列歼击机“捆绑销售”，为客户提供一揽子解决方案。2006年，俄罗斯与阿尔及利亚达成出售16架“雅克－130”的协议，正式外销该型飞机。目前，俄国营武器出口公司正与10个国家谈判，最有可能签约的国家有5个：马来西亚、越南、阿尔及利亚、白俄罗斯和哈萨克斯坦。这些国家也是俄制苏-30、苏-27歼击机的“铁杆用户”，引进“雅克-130”能完善这些国家的空军装备体系。

与此同时，俄罗斯还试图将更多的国家拉入“雅克-130”的后续升级工作。据美国《防务新闻》报道，俄国营武器出口公司已与巴西军火商麦德龙公司商讨为出口型“雅克-130”装配巴西Scipio-01雷达的相关事宜，它将赋予“雅克-130”打击恐怖组织和贩毒集团的能力。

俄军苏–27SM3 歼击机

俄军苏–27SM3 歼击机保卫克里米亚

文 | 安然

俄罗斯有句谚语：“当别人忙着抓贼时，千万记得看住自家的蜂蜜。”虽然俄罗斯与北约国家围绕乌克兰东部地区危机的博弈持续发酵，但俄罗斯也没有放松对克里米亚半岛的战备升级，俄国防部已在克里米亚半岛部署多种先进装备。其中，苏－27SM3 歼击机就是一种非常神秘的作战平台。

新型战机进驻半岛

2014年底，14架歼击机从俄罗斯克拉斯诺达尔边疆区飞抵克里米亚半岛的别利别克基地，加入新成立的克里米亚独立战役集群，接受俄军第4空防司令部的指挥。据俄国防部透露，这14架歼击机中包括10架苏-27（北约代号"侧卫"）家族的最新成员——苏-27SM3，它们安装了许多新式武器和航电设备，现阶段足堪压制周边国家空军的同类战机，强化俄罗斯对该地区的保护能力。

据悉，苏-27SM3是一种多用途单座双发动机歼击机，由苏霍伊公司下属的阿穆尔河畔共青城航空科研生产联合体制造。2014年2月，俄罗斯空军和海军航空兵接收首批苏-27SM3，目前俄南部军区已列装12架。此次苏-27SM3进驻敏感的克里米亚地区，反映俄军对该型战机的战备值班能力相当满意。

据俄消息人士透露，苏-27SM3的制造采取"两步走"策略：一部分用俄军现役苏-27S、苏-27SM改装，另一部分用厂商库存的苏-27SMK机体制造，尽可能降低成本，以便俄军大批量采购。

全面升级战力强大

总体来看，苏-27SM3是以苏-27S为基础，结合苏-35S的部分技术研制的过渡机型。它保留了苏-27高大宽厚的垂直尾翼，但采用碳纤维复合材料制造，不仅减轻了尾翼重量，而且大幅减小尾翼的雷达反射信号。苏-27SM3采用的AL-31F-M1型发动机由礼炮机械制造公司提供，单台推力达到13.5吨，使用寿命约1 000小时。

与苏-27S/SM相比，苏-27SM3的作战半径超过2 000千米。为了让该型战机拥有足够的航程，机身内部设有5个内置油箱，其中3个在机身和中翼内，1个在外翼内，1个在垂直尾翼内。部署在克里米亚的苏-27SM3可以将大部分黑海水域纳入作战范围，对步步紧逼的北约形成威慑。

苏-27SM3的最大载弹量接近8吨，可以挂载多种类型的导弹和炸弹。在执行对空作战任务时，苏-27SM3可发射R-77中距空空导弹和R-73近距空空导弹。在执行对地/对海攻击任务时，苏-27SM3可以使用KAB激光制导炸弹、Kh－59空射反舰导弹、Kh－29空地导弹、Kh－31超音速导弹等武器进行远程精确打击。

苏－27SM3换装了玻璃化座舱（包括平视显示器、替代仪表的液晶显示器、头盔显示器和综合光电系统等），可缩短飞行员获取信息的时间。机载火控系统分为两部分：SUV－VEP对空火控系统和SUV－P对地/对海火控系统，两套火控系统共用探测设备。机载RLPK－27雷达系统的最大搜索距离约120千米，可同时追踪10个目标、引导2枚R－77导弹攻击2个目标。此外，苏－27SM3还可加装由乌拉尔光学机械厂研制的"游隼－E"红外/激光指示吊舱或由"圆顶"设计局研制的M400侦察吊舱。

"不沉航母"战备提升

以苏－27SM3机群进驻为标志，俄罗斯在克里米亚半岛配置的军事力量正变得更具进攻性。俄国家电视台将克里米亚半岛称为"不沉航母"和"黑海门户"，并援引俄黑海舰队司令亚历山大·维克多的话说："我们优先用先进的歼击机、岸防导弹、炮兵和潜艇组织起有效的战役打击集群，从而保护国家利益不受威胁。"另据俄《军工综合体》披露，继苏－27SM3之后，俄国防部还计划把更先进的苏－30SM派驻克里米亚，替换黑海舰队老旧的苏－24战机，以便威慑进入黑海活动的域外国家军舰。

俄南部军区海军指挥部领导人阿纳托里·多尔戈夫透露，克里米亚将在几个月后出现新的独立集团军，包括装备反舰导弹的岸防导弹炮兵旅、装备新型歼击机的航空集群、新型舰载直升机集群、S－300或S－400防空导弹旅，以及超过2个摩托化步兵旅。届时驻克里米亚的俄军规模有望从目前的2.5万人增至4万人。

俄地缘政治问题研究院副院长、退役上校弗拉基米尔·阿诺欣表示："目前驻克里米亚的俄海军岸防部队和空军部队有能力在短时间内摧毁部署在这一地区的所有北约海军力量。即使部署在地中海地区的美国第6舰队进入黑海，俄罗斯的岸基反舰力量和航空兵部队也能将其全部摧毁。一旦发生冲突，俄罗斯首先动用的不是海军舰艇，而是部署在克里米亚半岛上的战役战术导弹和苏－27、苏－30系列歼击机，这将是一次'综合性打击'，任何外国军舰都不能靠近克里米亚海岸。"

日本 P-1 反潜巡逻机

日本 P-1
反潜巡逻机

文 — 毕晓普

在美国鼓吹的“亚太再平衡”战略中，日本扮演了极为重要的角色，特别是日本海上自卫队的反潜机群更是华盛顿颇为欣赏的“专业力量”。有日本海上自卫官吹嘘，作为日美军事同盟的一部分，海上自卫队的反潜机群将发挥巨大作用，特别是刚刚部署的日产 P-1 固定翼反潜巡逻机在各个方面都超越之前的美制 P-3C，而且在某些方面甚至比美国极力推销的 P-8A“海神”巡逻机更优异。

美国不让日本搭便车

对于日本为何开发 P-1，一些日方相关人员的解释是“美国不让日本搭便车”。原来，20 世纪 80 年代，美国国防部曾打算研发 P-7 作为 P-3C 反潜巡逻机的替代机型，但由于“冷战”接近尾声，加之 P-7 预算超支严重，结果项目在 1990 年宣告夭折，直到 2004 年才重启新反潜机研发计划，成果便是如今的 P-8A“海神”。

正是在美国新反潜机项目的发展“空白期”内，长期依赖美国提供装备的日本海上自卫队提出了研发新型反潜机的计划。1990 年，日本防卫厅（今防卫省）技术研究本部开始进行概念研究，2001 年进入实际开发，项目代号“P-X”。为节约开发成本，它与日本航空自卫队下一代运输机项目（C-X）高度融合，两种飞机共享主翼外翼、水平尾翼外翼及驾驶舱等机体构件和装备。2008 年，日本防卫省与川崎重工签订首批 4 架 P-X 量产机的合同，该机的开发和生产虽由川崎重工负责，但三菱重工、富士重工、日本飞机等也参与其中。2012 年 9 月，川崎重工宣布 P-X 量产机首飞成功，在完成一系列飞行试验后于 2012 年底交付防卫省，编号也改为 P-1。

性能参数和技术细节

P-1 属于中型四发喷气式巡逻机，机体尺寸比美制 P-3C 巡逻机大得多，但由于机翼和机体采用更加符合空气动力学的流线形体，加之动力选择涡扇发动机，使得 P-1 的飞行性能优于 P-3C：巡航速度 830 千米 / 小时（P-3C 的巡航速度为 620 千米 / 小时），巡航高度 11 000 米（P-3C 的巡航高度为 8 800

米），续航里程8 000千米（P－3C的续航力为6 600千米）。

P－1主翼下挂有4台日本国产F7－10型高涵道比涡扇发动机，起飞时单台推力达60千牛（约6.1吨），其中内侧的2台发动机还安装有首度国产化的反向推力装置，使飞机操控性大大改善，而且这些发动机噪音低，巡航时比P－3C低10分贝，起飞时比P－3C低5分贝。

在武器携载能力方面，P－1的机翼挂架比P－3C多出2个，而且最外侧挂架也能挂载导弹（P－3C的最外侧挂架只能挂载轻量型电子战吊舱），使P－1的最大导弹挂载量是P－3C的2倍（总计8枚），从而使P－1的攻击能力大幅提升。

此外，P－1反潜巡逻机在航空电子设备方面也应用了许多新技术和新装备。其中的"光传飞控系统"（FBL）具有极强的抗电磁干扰性能，也是目前世界上首次在实用飞机上搭载该系统。另外，P－1巡逻机的关键设备——反潜系统（ASW）由最新音响处理系统、雷达系统和作战指挥系统等构成，它们均由日本国内机构和私营企业研发制造，其主要细节如下：

▪ 基于HYQ－3信息处理器的HYQ－3型作战指挥系统：可正确处理和显示各传感器发来的信息，并协助机组完成各项任务，有效降低机组人员的工作强度。

▪ 反潜探测系统：由HQA－7型音响处理装置、AQA－7型数字式声呐浮标信号分析机、UYS－1型音响信号处理装置和HRQ－1型声呐浮标信号接收装置等构成，负责收集、分析从水下获取的声音。凭借高灵敏度声呐浮标和更强的信号处理能力，提升了对静音潜艇的探测能力。值得一提的是，P－1还搭载了HSQ－102磁异探测仪，进一步提升反潜探测能力。

▪ 雷达系统：由HPS－106主动相控阵搜索雷达、HAQ－2型前视红外接收装置、HLQ－109B电子战系统等构成，其中的HPS－106雷达工作在X波段，能通过合成孔径和逆合成孔径工作模式将目标图像化并显示出来。另外，该雷达还具备对空模式，且可以多模式同时工作。

俄海军伊尔-38N 反潜巡逻机

俄海军伊尔-38N 反潜巡逻机

文 | 辛星

21世纪的战场上，携带远程导弹的潜艇是最可怕的敌人，无论是携带154枚“战斧”巡航导弹的美国俄亥俄级核潜艇，还是携带16枚“圆锤”弹道导弹的俄罗斯955型核潜艇，它们所要达到的作战效果不是毁灭某个军事据点，而是一个国家甚至一个大陆。因此，感知海洋态势的能力变得至关重要，而反潜巡逻机就是重要的“感知器官”。

据俄罗斯“航空新闻网”报道，从2015年12月起，俄海军航空兵在黑海港口塔甘罗格、新罗西斯克部署了最新改进型反潜巡逻机——伊尔-38N。该机安装了全新的搜索跟踪系统和动力系统，能在广阔的海域快速执行侦搜任务，提高俄海军的远海感知能力。

“‘冷战’老兵”魅力不减

被北约称作“山楂花”的伊尔-38堪称“‘冷战’老兵”，由苏联伊留申设计局在20世纪60年代研制成功，其工作模式与美国的P-3“猎户座”反潜巡逻机相似。伊尔-38巡航范围大，升限高，巡航范围可达北极空域，最大升限可达1.1万米，为同类巡逻机之最。尽管伊尔-38问世已超过50年，但至今仍有十余个国家的海军和海上搜救机构在继续使用，仅俄海军航空兵就拥有约35架。

虽然伊尔-38已经服役数十年，但其魅力不减当年。2010年12月6日上午，美日海军在靠近朝鲜半岛的日本海水域进行联合反导演练，当数艘宙斯盾舰打开各种探测通信器材，练得热火朝天之际，两架隶属俄太平洋舰队的伊尔-38突然飞抵演习空域，并盘旋飞行数小时。措手不及的美日舰队一方面紧急出动舰载直升机进行干扰；另一方面不得不暂时中止演训，避免宙斯盾作战系统的雷达参数被伊尔-38捕获。

由于机体尚有足够长的使用寿命，许多拥有伊尔-38的国家并不打算让其退役。2001年，拥有五架伊尔-38的印度与俄罗斯国营武器出口公司签订合同，委托俄方对这些飞机进行现代化升级（由伊留申航空联合体具体承担），每架飞机的升级费约800万美元。升级后的伊尔-38被称为伊尔-38SD，机上安装了俄方研制的“海龙”海洋综合监视系统，可发现距离小于90千米的空中目标和距离小于 320 千米的水面目标。如今，这五架伊尔－38SD 已成为印度实施海岸巡逻、广域反潜和反偷渡的“骨干”，其能力不亚于印度刚刚从美国购买的 P－8I“海神”巡逻机。

换装“海龙”性能飙升

得益于印度升级伊尔－38 的资金，俄罗斯军工综合体不仅检验了伊尔－38 改造方案的可行性，而且打通了生产链，使得本国的伊尔－38 机群升级变得顺风顺水。从 2013 年开始，伊留申航空联合体开始为俄海军升级伊尔－38 机群，升级后的飞机被称为伊尔－38N。

据俄官方数据，伊尔－38N 机体长 39.60 米，高 10.16 米，翼展 37.42 米，空重 37.2 吨，最大起飞重量约 60 吨，最大平飞速度 645 千米 / 小时，巡航速度 595 千米 / 小时，最大航程 7 200 千米，续航时间 12 小时。该机驾驶舱乘员 3 人，机身中部作战舱乘员 10～12 人。机翼前后的机身下部有 2 个内置武器舱，可携带声呐浮标和武器。

“海龙”海洋综合监视系统是伊尔－38N 的功能核心，该系统包括新型合成孔径 / 逆合成孔径雷达、高解析度前视红外系统、微光电视摄影系统、新型电子战系统、声呐浮标信号接收系统和磁探仪、定向声学频率分析仪和声学记录指示仪、声纹记录仪、任务计算机等。从伊尔－38N 的照片上，可以看到机头顶部有一个形似“八仙桌”的装置，其实它就是“海龙”对海扫描雷达的天线。“海龙”系统可以通过“格洛纳斯”卫星定位信号和对传感器数据的综合分析，发现和定位空中、海面和水下的可疑目标。值得一提的是，与过去的同类系统相比，“海龙”的目标定位精度大幅提升。

为满足远海作战需要，俄海军要求这批由伊尔－38 升级而来的伊尔－38N 具备结构强度较高的重挂载型机翼，以便能在机翼下挂载更多武器。如今，伊尔－38N 的 2 个主机翼下共有 6 个挂架，可挂载武器和声呐浮标，加上机身内置弹舱（4 个挂架），挂载总重量可高达 9 吨，可使用的主要武器包括：Kh－35 反舰导弹、鱼雷、最多 87 枚声呐浮标、水雷等。通过“海龙”系统，伊尔－38N 可在 320 千米的距离上同时跟踪 30 个目标。

有望发展“电侦”机型

有消息称，俄海军还打算在伊尔－38N基础上发展出专门用于电子侦察的伊尔－38NR，该机的前机腹装有被戏称为“巧克力”的雷达罩，机身后背接近垂直尾翼处安装有狭长的独木舟形天线罩，机身外部还多处安装形似刀锋的小型整流罩（内部安装有小型天线和专用传感器）。伊尔－38NR的任务是在国际空域接收各种无线电波，为俄海军标定各种雷达或无线电信号提供便利，例如俄海军作战平台的雷达或电子战系统要想确定敌方使用哪种武器发动攻击，就离不开伊尔－38NR平时收集的电子情报。在战时，伊尔－38NR还能执行战术电子侦察任务，实时回传情报数据，让友军及时躲避威胁并锁定目标。

另据俄罗斯“航空新闻网”报道，俄罗斯军工综合体还计划在伊尔－114近程干线飞机的基础上制造专用近程巡逻机，与伊尔－38N形成“高低搭配”，这种近程巡逻机将用于强力部门履行海洋巡逻任务。有消息人士指出，新型近程巡逻机同样会推向国际市场，据称委内瑞拉就对这种飞机表现出了极大兴趣。

欧洲 A400M 大型军用运输机起飞

欧洲“大力神”：A400M 大型军用运输机

文｜黄山伐

近年来，美国为了推行其亚太再平衡战略，加大了对部分东南亚国家的军援力度。一些接受军援的国家纷纷购置高档军品。据马来西亚媒体报道，为了强化马来半岛和婆罗洲的空中联系，并增强军力投送能力，马来西亚向欧洲空中客车公司订购了四架 A400M 运输机。

最后的抄底者

说起 A400M，它其实是欧洲空中客车公司在民用客机领域获得巨大成功后拓展军机业务的最重要尝试。该项目可追溯至 21 世纪初，因为欧洲国家在与生产 C－130 “大力神” 军用运输机的美国洛克希德公司（今洛克希德·马丁公司）打交道时深感 “削足适履”（美方拒绝按照欧洲人的要求发展专门的 C－130 改型，或者承诺改进，但要欧洲用户多掏腰包），于是希望复制像空客这样的 “航空自强” 典范，发展出适合欧洲各国空军的新一代军用运输机。

2000 年，法国、德国、英国、西班牙等欧洲七国以及土耳其正式签署合作研制 A400M 大型军用运输机的协议，由空中客车公司牵头发展。然而，在较长时间内，有 “欧洲大力神” 之称的 A400M 项目一直面临机身、发动机及其他系统成本超支及研发进度迟滞的困境。幸亏各参与国政府同意再提供 15 亿欧元研制经费，并且承诺订购 170 架该型飞机，尤其是在英国的游说下，马来西亚也宣布订购 4 架，使该型飞机的总订单达到 174 架，终于使该项目的账面收益超过盈亏平衡点，使所有合作方都 “有钱可赚”。

值得一提的是，虽然马来西亚购买 A400M 的具体价格并未公开，但由于这笔订单在某种程度上成为 A400M 项目盈亏的重要因素，以至于空中客车公司在价格方面做出了很大让步。用空中客车公司亚太区销售代表的话说，马来西亚人是 “最后的抄底者”。

此外，马来西亚还在谈判中采取了 “欲擒故纵” 的策略，刻意拿 A400M 的空中加油装置作文章。据报道，虽然卢森堡、比利时等欧洲小国认为 A400M 不必具备空中加油能力，但在英、法、德三国的要求下，空中客车公司仍决定为 A400M 配备 “双重加油 / 受油” 装置。这不仅意味着 A400M 可以充当空中加油机，也意味着造价上升。马来西亚不断强调 “A400M 加油能力无用”，要求空中客车公司降低价格。

欧洲的“巴别塔”

作为一个多国合作研发项目，A400M 被形容为欧洲人的“巴别塔”（圣经里人类共建的通天之塔）。A400M 的机身前段（包括驾驶舱）、中部翼盒以及“民用”系统由法国制造；机身中段和垂尾由德国制造；机翼由英国制造；西班牙负责制造水平尾翼和起落架，并完成机身总装。

A400M 机身长 43.8 米，宽 42.4 米，高 14.6 米，采用经典的气动布局，引入高单翼、T 形垂尾以及装卸滑道等标准设计。机体材料以铝合金为主，但机翼、水平尾翼、垂直尾翼、起落架整流罩等部件都是用复合材料制成的，复合材料的使用比例达到全机的 30% 左右。大量使用复合材料不但大幅降低全机重量，还使耗油量明显下降。

在动力系统方面，A400M 选用 4 台 TP400－D6 涡桨发动机，单台推力约为 11 000 马力（海平面）。得益于超大功率涡桨发动机，A400M 的最大起飞重量高达 141 吨（空机重约 70 吨，最大载重 37 吨），最高时速 560 千米 / 小时，升限 11 300 米，最大飞行距离为 4 800～6 950 千米。

A400M 的油箱安装有惯性气体系统，可以降低油箱起火的风险。TP400－D6 发动机还具备降低红外信号特征的功能，可以降低敌方传感器的探测效能。

A400M 的货舱容积为 340 立方米，能够装载 1 架 NH90 直升机或 2 辆“斯特赖克”轮式步兵战车。如果用于民用，该机可装载 1 辆 25 吨重的半挂卡车（含 6 米长的标准集装箱）。运载 20 吨物资的 A400M 还可在长约 1 000 米的简易跑道上着陆。

A400M 能在满载货物的情况下搭载 50.5 吨油料（储存于机翼以及中部翼盒内）。充当空中加油机时，A400M 可在 2 小时内加装“科巴姆”908E 型空中加油吊舱（位于机翼下），然后在距离基地 930 千米的空域盘旋飞行 2 小时，并向受油飞机提供 34 吨油料。该机还能采取滚装空中加油模式，即改装一种“中线机身加油装置”并使用软管和鼓盘装置，可每分钟加油 2 250 升，机翼下方的 2 个软管和浮锚加油吊舱可每分钟加油 1 500 升。该机使用 3 台摄像机对空中加油流程进行监视。

瞄准国际市场

有分析称，由于美国在海外的大多数战事基本结束，美军对战略运输机的需求趋缓，几年内不会再采购新的战略运输机。波音公司很可能因得不到足够订单而关闭 C－17 运输机的生产线，届时 A400M 将成为西方国家唯一可以供货的战略运输机。

在竞争对手方面，俄罗斯的伊尔－76 系列运输机或许也能在战略运输机市场上分一杯羹，但即使是俄罗斯最新研制的伊尔－476 运输机与 A400M 相比仍有一定的性能差距，如简易机场的起降能力等。而中国研制的运－20 尽管拥有不错的发展潜力，但也还需面对复杂的认证环节。

总的来看，目前在俄制伊尔－476、中国的运－20 和 A400M 等三款运输机中，只有 A400M 做好了交付准备。欧洲空中客车公司乐观地认为，在未来 10 年内，A400M 面对的国际军用运输机市场环境非常理想，不会遇到太强的对手。

俄伊尔-476 大型运输机

俄伊尔-476
大型运输机

文 | 马军

随着在叙利亚的反恐战事持续，俄军面临的后勤压力也与日俱增。据俄罗斯《消息报》称，每激战一天，莫斯科大致要为驻叙俄军花费近 400 万美元，而后勤保障费用约占 1/5。目前，向叙利亚投送人员和物资的任务主要由俄军运输机承担。有鉴于此，俄国防部加快了运输机群的更新步伐，重点是尽快组建伊尔-476（伊尔-76MD-90A）运输机部队。

"耿直"的接班人

一说起俄军的大型运输机，人们马上会想到北约代号"耿直"（Candid）的伊尔-76 型运输机。这种从 20 世纪 70 年代开始服役的军用运输机曾参与了大量的军事行动。在叙利亚战场上，俄军的伊尔-76 机群甚至比战斗机机群更加忙碌，用俄国防部发言人科纳申科夫的话说："4 000 千米的'空中走廊'（指俄叙之间的往返航线）上，没有一刻是平静的。"

尽管伊尔-76 尚堪用，但毕竟是几十年前的老产品，尤其随着俄军陆续引进新式装备，受限于货舱容积和高度，现役的伊尔-76 经常遇到"有货不能装"的尴尬。此外，由于可供俄军飞机境外中转和加油的地点屈指可数，这些运输机要进行战略飞行，就必须增加燃油的携载量，所以设计新飞机势在必行。

2010 年，俄国防部批准俄联邦联合飞机制造集团公司（OAK）下属"航空之星-SP"工厂发展新一代伊尔-476 飞机，它重点解决伊尔-76 的动力不足、货舱剖面不合理以及维护保养复杂等问题，以便能够满足俄武装力量在 21 世纪上半叶的远程投送需求。2012 年 10 月 4 日，俄总统普京视察"航空之星-SP"工厂，观看了原型机试飞。俄国防部也于同一天向工厂订购 39 架伊尔-476，并要求将现役的 43 架伊尔-76 升级到伊尔-476 的水平。

2014 年 11 月，首架伊尔-476 展开飞行测试。数月之前，俄军第 610 中心（俄运航兵的训练基地，负责教案编写与人员训练）正式接受两架伊尔-476。随后，第 610 中心的飞行教员开始实际掌握新飞机，并对俄空天军运航兵机组进行改装培训。量产型伊尔-476 从 2016 年初开始陆续交付俄运输航空兵部队。

运输机也能扔炸弹

伊尔-476属于伊尔-76的深度改进型，主要用于人员投送（机降和伞降）和运送重型装备。公开数据显示，该型运输机机身长49米，高15米，翼展49米，机翼面积310平方米，最大起飞重量220吨，最大载荷66吨。与伊尔-76相比，伊尔-476机舱容量扩大20%，采用改进结构的机翼和更节油的发动机，续航里程增加了1 000～5 000千米，以及飞机自动控制系统和数字化导航系统。

伊尔-476机身内部的大部分区域为增压舱（分成机组成员舱和货舱等两个独立舱），在执行空投任务时，货舱可单独减压。军用型伊尔-476的机组由七人组成，机长和副机长并排坐在驾驶舱前排，飞航工程师和无线电报务员坐在驾驶舱后排，领航员坐在机头下部的领航员舱，装卸长和空投操作员在货舱内工作。驾驶舱和领航员舱均安装大面积的透明风挡（其材质可抵御鸟类高速撞击）。值得一提的是，驾驶舱还安装了两扇滑动舷窗，可供机组人员紧急逃生。

伊尔-476的一大亮点是采用全数字化飞行控制系统和PS-90A-76型涡扇发动机。这款发动机不仅推力高达16 000千克（比过去的D-30KP2发动机增加28%），而且使油耗降低15%，噪音和排放也更低。伊尔-476的高空巡航速度达到825千米/小时，低空巡航速度648千米/小时，最大航程4 630千米。

伊尔-476的另一大亮点是配备了武器系统。其机翼下有四个可拆卸式的UBD-3DA型武器挂架，它借鉴了苏-34前线轰炸机的设计，可挂载500千克级普通航空炸弹或照明弹。

运输机最重要的性能指标是物资运载能力——不仅要多装货，更要拥有足够的装卸空间。伊尔-76就吃了"空间不够"的亏，一些新装备因超宽超高而无法装运。经过细致的数据调查，伊尔-476的货舱横截面尺寸确定为3.46米（宽度）×3.4米（高度），舱门高度确定为3米，基本可以容纳俄军现阶段和未来的主要装备。伊尔-476货舱内还有4个BD-2型挂架，可悬挂P-7和P-16空降平台牵引伞系统。

“战略空军”的基础

需要强调的是，正式装备部队的伊尔-476必须拥有现代战机必备的电子支援设备，其机身前部、后部和翼尖都加装了“雷达警戒接收机”（可接收敌方雷达信号，当飞机被敌方战机或导弹的雷达锁定时，可警告飞行员），机身前部和后部还分别安装了4个和2个自动干扰仪（360度全向覆盖），可对来袭导弹的制导系统和敌机的雷达信号进行干扰。另外，伊尔-476的起落架右吊舱内还安装有“燃油油箱惰化系统”（可用氮气挤压出飞机油箱内的氧气，避免燃油起火，起到防火抑爆作用）。

按照俄国防部的设想，换装伊尔-476运输机后，俄军的空运能力将得到有效提升，有能力在几小时内向热点地区投送人员与装备。机动部署的大量运输机和空降兵可以形成一种威慑，让心怀叵测的战略对手不得不“三思而后行”。军事专家指出，在现代战争中，交战方都极为看重制空权。因此，研制性能先进的各型歼击机一度成为各国空军发展的重中之重。然而，最近20余年的军事实践证明，空运能力同样是决定国家军事实力的关键。鉴于现代运输机的投送速度一般是陆路运输速度的15倍，是海运速度的25倍，且可轻易跨越数千千米的遥远地域，军用运输机的装备数量、技术水平和运载效能已成为衡量一个国家是否具备“战略空军”能力的重要标志，能在野战机场起降的伊尔-476将成为俄罗斯战略空军的基础。

图-95 战略轰炸机

书写
“战略传奇”的“飞熊”

文 | 安然

2013年9月，俄联合飞机制造集团公司低调发布了第五代战略轰炸机——未来远程航空系统的模型，据称，这种新型轰炸机将替换俄军现役的图-95MS和图-160轰炸机，成为俄空中核威慑力量的主力。消息传出后，已服役60多年的图-95战略轰炸机再次吸引了众多关注的目光。

重出江湖"秀肌肉"

战略轰炸机是天空中最大、最复杂的进攻型武器，被誉为军用轰炸机领域王冠上的宝石，十分引人关注。在服役的半个多世纪里，被北约称为"熊"的图-95战略轰炸机曾在空中四处游弋，彰显主要有核国家的力量。2007年8月，俄罗斯宣布恢复远程战略轰炸机战斗值班飞行后，图-95的航迹更是遍布欧亚大陆的各个角落。

2011年9月9日，俄罗斯两架图-95轰炸机绕日本岛飞了一周，历时14小时，并在俄日争议岛屿上空进行空中加油训练。日本航空自卫队紧急出动战斗机跟随警戒。2012年2月8日，俄罗斯再次派出包括两架图-95在内的轰炸机群绕日本岛飞行一周。2013年2月12日，两架图-95轰炸机飞临美国海外属地关岛上空。美空军紧急派出两架F-15战机进行拦截，迫使它们向北方飞去。

事实上，历数一下曾经拦截过"熊"的战斗机就会发现，世界上再也没有任何一款轰炸机会"招惹"过那么多国家、那么多型号战斗机的空中拦截：从美国、日本到加拿大，从二代机的F-102、F-8，再到三代机中经典的F-14、F-15、FA-18，甚至更先进的四代机F-22也跟踪过"熊"。正所谓"年年岁岁'鹰'不同，岁岁年年'熊'相似"，拦截的战斗机换了一茬又一茬，虽然当时都是先进的战机，但毕竟熬不过岁月的磨砺，有的已退出现役，有的也退居二线。而被拦截的图-95却还在服役，依旧是俄战略核威慑力量的重要组成部分。

最大最快涡桨飞机

图-95究竟是一种什么样的战略轰炸机？竟能在喷气式飞机高速发展的

几十年时间里，依然凭借涡桨演绎着不老的传奇呢？该机由图波列夫设计局研制，1954 年首架原型机试飞，1956 年批量生产并开始服役，早期型生产了 300 余架，是苏联第一种能跨越北极、飞过加拿大到美国进行战略核轰炸的轰炸机。此外，图－95 还可被用于执行电子侦察、照相侦察、海上反潜和通信中继等任务。

20 世纪 80 年代中期，又开始恢复生产，主要生产可带巡航导弹的图－95MS 轰炸机和由图－95 改型的海上侦察反潜机图－142M3 型。1992 年停止生产。现有约 150 架图－95MS 仍在俄军服役，与 40 架图－160 超音速远程轰炸机和 220 多架图－22M 中远程超音速轰炸机一起，组成俄罗斯的战略轰炸机机队。

图－95 最大时速 925 千米，最大升限 12 000 米，最大航程 1.5 万千米。机头装有轰炸瞄准雷达，作用距离 200 千米左右。该雷达可与光学瞄准具交联使用，也可以与自动驾驶仪、计算机交联使用，按预定方案自动投弹。电子侦察设备装在弹舱内，天线集中于腹部或机头下的大鼓包里，可记录、侦听和照相。有时还装有电视侦察设备，可将图像送回指挥部，作用距离约 250 千米。位于机身中段下部的弹舱最多可装载重量超过 15 吨的各种常规炸弹，也可装载水雷、鱼雷、遥控炸弹和核弹。机身下还可以半埋入式装载 1 枚大型空对地导弹。经过改进的图－95MS 可携带 6 枚 Kh－55 巡航导弹或 16 枚 Kh－55 导弹。

曾投掷“最强核武”

图－95 首次公开亮相是在 1955 年 7 月土西诺机场举行的航空展。起初，美国国防部对图－95 并不重视，估计其最大时速为 644 千米，航程 1.2 万千米。这一错误的推算数据一直到 1985 年才得到修正。尤其值得一提的是，虽然图－95 没有经历过实战，但却投掷过人类历史上当量最大的核武器。

1961 年夏天，苏联某绝密实验室制造出 1 枚爆炸当量高达 5 700 万吨 TNT 的超级氢弹（相当于美国在广岛投下原子弹的 2 850 倍），并将其命名为“炸弹沙皇”。1961 年 10 月 30 日中午时分，一架图－95 在试验场投下这枚氢弹。爆炸后产生的蘑菇云高达 60 千米，热浪使 100 千米外的动物受到 3 级烧伤。据测算，假如这样一颗超级氢弹被投放在类似纽约的大城市，整个城市会立刻化为灰烬，即使躲在很深的地下也难以幸免，因为所有地面出口都将被烈焰熔化。

客观地看，图-95也存在一些不足之处：一是速度不够快，不像美国的B-1战略轰炸机可以进行超音速飞行；二是不具备隐形性能，不如美国的B-2战略轰炸机能够隐形突防，尤其是图-95的4具涡桨发动机会发出巨大噪音，以致美军在大西洋海底设置的声呐网都可以捕捉到该型飞机的声纹；三是机舱小、乘员舒适度差。

自从俄罗斯宣布恢复战略轰炸机战备值班后，美国一直在试图淡化图-95的影响，宣称俄罗斯的老式轰炸机绝不会对美国造成任何威胁，但事实上图-95的每次抵近飞行都让美军很紧张，不仅通过各种雷达系统进行严密监视，而且频频出动先进战斗机实施拦截。这是因为作为一种战略核威慑力量，图-95的作战能力不容小觑。

其实，作为战略轰炸机，最重要的性能指标主要在三个方面：一是航程，二是载弹量，三是机载设备。前两者无疑是图-95的强项，第三方面尤其是机载电子设备也不断得到改进。而在进行战略核威慑时，载机的隐形性能似乎也不是太重要，因为目的是威慑，所以很多时候“看得见”甚至比“看不见”更管用。

无人机

“扫描鹰”由名为“超级楔”的弹射装置发射升空

“扫描鹰”：盘旋在波斯湾上空的“贼眼”

文 — 萧萧

如果要说起如今哪个国家的军队运用无人机最多、最频繁，那么美国绝对当仁不让。不过，俗话说“上得山多终遇虎”，美军频繁用无人机窥探他国，却也难免有失手的时候。2012 年 12 月，伊朗称“俘获”一架侵入领空的“扫描鹰”无人机。作为被美军倚重的小型长航时无人机，“扫描鹰”此次扫描不成反被俘，是“大意失荆州”，还是低估了对手呢？

只能远观，不许细瞧

在整个事件中，人们最感兴趣的是美军如何运用“扫描鹰”刺探伊朗情报。美国记者罗伯特·拉米内斯曾亲自登上游弋在中东的美军浮岛作战平台“庞塞”号，目睹美军如何摆弄“扫描鹰”，也体验了美国对伊朗的“强烈警惕”。

“庞塞”号原来是美国海军“安克雷奇”级两栖船坞运输舰，由于岁月无情，它的几艘姊妹舰要么被拆解，要么被以“人情价”甩卖给他国（如印度）。若就船况而论，“庞塞”号本来应该退役报废了，然而，2012 年初伊朗核危机升级，鉴于伊朗可能封锁霍尔木兹海峡，美国将“庞塞”号紧急改装成能容纳海军、海豹突击队的“浮岛基地”。一旦伊朗真的有所行动，美军就能依托“庞塞”号对高危区域建立全时空监控。

既然“庞塞”号的最大功用是“耳目”，那么“扫描鹰”就成了“必需品”。该舰甲板上有一台绰号“超级楔”的加速器，其功能如同弹弓，可将无人机弹射到空中。当拉米内斯搭乘美军 MH-60 直升机抵达“庞塞”号时，水兵们正将一架“扫描鹰”架设到“超级楔”的滑轨上。拉米内斯注意到，施放“扫描鹰”并非轻而易举，水兵们要先启动“超级楔”上的电磁加压开关，过一会儿无人机才能正式弹射升空。在等待发射的时候，一名技术军士拿着仪器测风速和风向，发射员要根据这些信息调整“超级楔”的开关，如果没设好，“扫描鹰”可能刚一发射就掉下来。一切准备就绪后，大家都退到 8 米外。发射员打开一个移动操作箱，箱子通过电线与“超级楔”相连。随着发射员按下发射钮，“咻”的一声，“扫描鹰”快速升空，朝着伊朗海岸方向飞去，不到 10 秒就飞出了视野。

随后，拉米内斯在舰上人员引领下走进“庞塞”号甲板尾部的一个特殊集装箱，这里就是“扫描鹰”的操控室。据军官们介绍，无人机获取的机密信息都会先传到这里。拉米内斯很想看个清楚，但被舰上的新闻官娴熟地挡了驾。

早出晚归，能飞一天

傍晚时分，拉米内斯看到“扫描鹰”回来了。在卫星导航设备的指引下，它被一种名为“天钩”的无人机回收系统勾住。这就是“扫描鹰”一天的工作：早上起飞，晚上“回家”。

“扫描鹰”是一种小型无人机，由美国波音公司与英西图公司联合开发，主要用于海上监视与观察、情报搜集、目标搜捕、通信中继等各种战术支援。它长 1.2 米，翼展 3.1 米，空重 12 千克，最大起飞重量 18 千克，任务载荷 3.2 千克。一个“扫描鹰”系统通常包括 2 架无人机、1 个控制站，以及配套通信系统、弹射装置、阻拦回收装置和运输箱。

“扫描鹰”的最大优点是成本低、航时长。其动力装置为单缸双冲程发动机，功率 2.5 马力，巡航速度 90 千米 / 小时，最大飞行速度 120 千米 / 小时，最大飞行高度 4 800 米，能连续飞行超过 15 小时。2007 年 1 月，“扫描鹰”创下 28 小时 44 分钟的最长飞行纪录，遥遥领先于其他长航时无人机。

与“扫描鹰”配套的控制站有固定型和移动型两种，后者可以设在吉普车等机动性较强的交通工具上。“扫描鹰”无人机的“天钩”回收系统也很特别，它是一根悬在约 16 米高的杆子上的绳索，可以对“扫描鹰”进行拦阻。“天钩”使“扫描鹰”降落时不必依赖跑道，从而可以直接部署到前沿阵地、机动车辆或小型舰船上。

“扫描鹰”上携带有光电和红外摄像机（含稳定系统）。安装在导向架上的摄像机能 180 度转动，具有全景、倾角和放大摄录功能，并可以进行夜间侦察，这使得操作员能轻易跟踪运动目标并获取高质量图像。由于“扫描鹰”体积较小，装备静音型发动机，即使在低空飞行也很难被发现。“扫描鹰”可以单独使用，也可以成群部署，它还能作为数据或通信中继，发挥通信卫星的作用。

谁家“鹰”落，难有结论

关于谁家的“扫描鹰”被俘，美、伊双方一如既往地各执一词。伊朗发布的视频显示，几名身着军服的人员背对镜头，仔细研究被俘的无人机，他们不时摆弄机身上可活动的部位（如机翼和机尾），有人还在现场做笔记。从画面上看，“扫描鹰”似乎完全没有受损，伊朗媒体还引述伊斯兰革命卫队海军负责人的话称，该无人机是在伊朗领空飞行时遭伊方电子战设备俘虏的，现在这架无人机归伊朗所有。

所有这些说法与伊朗 2011 年宣布俘获美军 RQ-170 “哨兵” 无人侦察机的做法完全相同。同样的，美方这次依然否认伊朗的说法。美国中央司令部在巴林的海军发言人表示，根据记录，没有丢失任何“扫描鹰”。美联社撰文猜测这架无人机可能是伊朗以前截获的，而美军发言人则顺水推舟地承认，在海湾地区服役的“扫描鹰”过去几年的确有过损失。另外，不仅美军有这种无人机，沙特也购买过这种机型，不排除伊朗从沙特手中截获无人机的可能性。

不过让美国人难堪的是，伊朗革命卫队海军司令阿里·法达维表示，伊朗航空工业组织已根据俘获的“扫描鹰”仿制出国产型号。据称，伊朗版“扫描鹰”增加隐身能力，还能配备武器，堪称“青出于蓝胜于蓝”。

“灰鹰”无人机

“NERO 系统”打造抗干扰“灰鹰”无人机

文 | 萧萧

2013年5月底，雷锡恩公司将两套NERO电子攻击平台交给美国陆军，借以强化美军现役MQ-1C“灰鹰”无人机系统的功能，使之具备空中电子进攻能力，能直接干扰敌方通信系统。

所谓“NERO系统”，是构建在美国陆军“通信电子攻击与观测侦察”计划基础上的综合电子战装备，其功能完全集成在一部小巧的航空吊舱内。雷锡恩公司的通信压制项目主任格伦·巴塞特声称：NERO在反游击战环境下非常有用，能干扰敌人使用的无线通信工具，同时压制敌方的遥控爆炸物。

据悉，NERO系统的缘起来自美国陆军在2010年实施的“通信电子攻击与侦察计划”（CEASAR），最早是用一架民用C-12公务机搭载试验性NERO吊舱进行实战考验。无论是CEASAR还是NERO，都是为了让美军能借由超强干扰能力，主宰战场中的电磁频谱空间，达到支援地面部队作战的目的。

至于搭载NERO的MQ-1C“灰鹰”无人机系统则是美国诺思罗普·格鲁曼公司开发的中高度长航时无人机。从总体结构上看，“灰鹰”应算作大名鼎鼎的MQ-1“掠夺者”无人机的放大版。2002年，诺思罗普·格鲁曼公司赢得美国陆军的“增程型多功能无人机”开发计划，该公司旋即与以色列飞机工业公司合作，开展“猎人2”无人机的开发，稍后改称“战士”。2005年8月，美国陆军拨款2.14亿美元给诺思罗普·格鲁曼公司，进行系统发展和飞行示范。

美国陆军原本打算建立11个“战士”无人机部队，每个部队拥有12架无人机和相关地面站，总预算约10亿美元，至2009年时所有无人机队均交付部队。本来，美国陆军希望给“战士”无人机一个新型号：“MQ-12”，但美国国防部坚持以“MQ-1”命名，只在后面加个“C”，以示其与MQ-1有所不同。由于MQ-1C在阿富汗战场干得不错，屡屡破坏塔利班袭击美军车队和公共设施的阴谋，2010年8月，美国国防部终于“从善如流”地宣布MQ-1C更名“灰鹰”，以示其正式“独立门户”。2010年9月3日，美国陆军宣布成功将AGM-114反坦克导弹集成到“灰鹰”的4个武器外挂点上，大大提升对地打击能力。

据介绍，MQ-1C“灰鹰”无人机具有加长机翼，由“百人队长”发动机提供动力，可在7 600米的中高空连续飞行36小时，作战半径达400千米。机鼻部位可加装合成孔径雷达与地面移动目标指示器，机鼻下侧加装一部AN/AAS-52多频谱标定系统，最大载荷360千克，“硬杀伤”武器除了上文提到的AGM-114导弹外，还可搭载GBU-44/B“蝰蛇打击”精确制导炸弹。

K-MAX 无人机

K-MAX 无人机
助美军撤离阿富汗

文｜安然

路边炸弹、冷枪冷炮让征战阿富汗十余年的美军士兵身心俱疲，为了尽快离开这片危险之地，归心似箭的美国大兵们把能找到的运输工具全都使上了。据英国媒体报道，在所有驻阿美军部队中，撤退动作最快的当属海军陆战队单位。让友军嫉妒的是，他们有个不错的“搬场工”——K-MAX无人直升机。

从运木头到运军火

由于驻阿美军的地面车辆经常受到袭击。为了及时给前线部队输送补给物资，美军不得不投入大批运输直升机。不过，有人驾驶的运输直升机一旦被击落，就难免出现机毁人亡的局面。2009年，美国军火巨头洛克希德·马丁公司与卡曼公司合作，在卡曼公司的K-MAX直升机的基础上，推出无人版K-MAX，立即受到五角大楼的关注。K-MAX直升机最初是为了让伐木工人向山外运送原木而设计的，具有独特的双旋翼布局和外部吊挂设计，这使它比传统直升机更适合在战场上使用——外部吊挂的体积不受机舱限制，运抵目标区后能快速解除吊挂。

K-MAX无人机长约15.8米，旋翼直径14.7米。2011年1月，K-MAX无人机通过测试后，美国海军陆战队就迫不及待地提出让它进入阿富汗进行战地验证，该任务后来延续到2012年底，随即转入正式部署。K-MAX能根据GPS系统的指引定向飞行，误差不超过10米，在沙尘漫天的沙漠中也能正常飞行。有了K-MAX，美军可以“无视风险”，将补给投送到最危险的战区。

在实际使用中，这种无人机每次可运送2吨物资，每天运送物资多达14吨。截至5月1日，K-MAX在阿富汗的累计飞行时间超过3万小时。更让美军高层高兴的是，K-MAX的作战费用仅每小时1 400美元，低于预估的每小时2 000美元。

可能发展“舰载型”

如今，撤退已超越战斗任务，成为驻阿美军的最大任务。因此，以往K-MAX无人机“从后方支援前方”的工作发生了逆转，把深陷沙漠的前沿基地和哨所里的装备送回后方，以便进一步打包后运送回国。

为了执行后撤任务，美军将一些无人机工程师、地面控制系统部署到前沿基地和哨所。然后让 K－MAX 从后方基地起飞，机群进入距前沿基地约 16 千米的范围时，由前沿基地的操作人员接手控制，让这些无人机在降落区上空盘旋。地面支援人员进行物资装载和扣接，完成后，前沿无人机操作手让 K－MAX 起飞并脱离降落区。之后，再由后方基地的操作人员接手控制，飞回后方基地。

据悉，K－MAX 在美国海军陆战队的示范运用，引起美国其他军兵种的关注。美国海军研究局希望将其纳入“自动化空中动作效用系统”的研究课题，发展出能在九千米外自主飞行，并能遂行“由舰到舰”无人补给任务的无人直升机。

以色列“赫尔墨斯-900”无人机

以色列军用无人机
推陈出新

文｜陈强

以色列军用无人机在世界上占有重要地位，该国的“先锋”“云雀”等型号的无人机是国际军火市场上的抢手货。随着无人机在实战中的成功应用，以色列的科研人员也在不断推陈出新，研制出数个型号的新型无人机。

“苍鹭 TP”与“赫尔墨斯-900”

大型长航时无人机可说是当今世界衡量一个国家在无人机领域是不是一流强国的“标尺”，美国的“全球鹰”无人机就是一款典型机型。以色列也是少数几个拥有大型长航时无人机的国家之一，其“苍鹭 TP”和“赫尔墨斯-900”，都堪称世界领先水平的大型无人机。

“苍鹭 TP”无人机于 2007 年下半年首次试飞，2012 年初投入使用。据研制方以色列 IAI 公司称，该型无人机的研发历时十年，是以色列空军迄今为止尺寸最大、续航力最强、也是机载设备最完善的无人机。

根据公开资料，“苍鹭 TP”无人机翼展 26 米，机体尺寸接近波音 737 客机，动力为 1 台涡轮螺旋桨发动机，最大升限超过 12 000 米，最大飞行速度每小时 234 千米，可连续飞行 20 小时，足以执行远距离飞行任务。“苍鹭 TP”无人机配备有遥控和自动驾驶系统，可搭载数百千克的电子设备。

在以色列 2012 年公开展示的“苍鹭 TP”无人机上，不仅装备了光电侦察设备和合成孔径对地成像雷达，还配置有多种天线。军事专家判断该机可以执行雷达和光学遥感、电子信号侦测（或许还包括电子干扰）等任务。从机体上方的小型圆盘形天线来看，“苍鹭 TP”可能还有导弹中继制导或通信中继功能。

以色列推出的另一种大型无人机是“赫尔墨斯-900”。该型无人机于 2009 年试飞，2010 年交付以色列空军，其尺寸比“苍鹭 TP”略小，采用单台活塞发动机，升限也相对较低。根据公开资料，“赫尔墨斯-900”的最大飞行速度为每小时 220 千米，连续飞行时间长达 36 小时，机腹下有设备舱，可携带 300 千克载荷。有消息称，“赫尔墨斯-900”装备有以色列埃洛普公司研制的超光谱传感器，能根据目标材质进行识别。这一功能除了可以用于军事侦察外，还可用于评估海洋污染、探测矿床和监测植被等商业和科研目的。

“幽灵”和“黑豹”小型无人机

以色列在陆军用小型无人机领域也有很多成果，“云雀”系列就是最早投入实战使用的小型手抛式无人机，已被澳大利亚、加拿大、法国、墨西哥等国购买并装备本国军队。“幽灵”和“黑豹”则是两种新推出的小型无人机。

“幽灵”无人机是一种电动四旋翼垂直起降无人机，曾于 2011 年 8 月进行过展示。其直径约 1.45 米，动力为 4 台电动机，采用小型燃料电池和 5 叶涵道式旋翼，滞空时间约 30 分钟。机体中央的设备吊舱能为步兵提供情报支持。

“黑豹”无人机同样是配备小型燃料电池的小型电动无人机。比较特别的是，“黑豹”独创性地采用了 3 台电动机：1 台位于机身尾部，主要提供升力；2 台位于机翼，发动机、螺旋桨和翼根部均可进行 90 度偏转，使得“黑豹”能像 V-22“鱼鹰”倾转旋翼机那样实现垂直起降到水平飞行的转换，起飞和回收方式十分灵活，可以方便地在小块地面或舰船甲板上起飞和降落。“黑豹”无人机还可以更换模块化机翼，有 2 米、6 米、8 米等多种翼展的机翼可供选择，在使用 6 米翼展的机翼时，能携带 8 千克设备飞行 6 小时。“黑豹”机腹下的光电塔可以为步兵分队提供实时战场影像资料。

此外，以色列工程人员还在“黑豹”的基础上开发了“迷你黑豹”。“迷你黑豹”仅重 12 千克，分解后可装进步兵背包，采用微型燃料电池，能携带 1 千克载荷飞行 90 分钟。

“哈洛普”自杀攻击无人机

同时具备侦察和投掷弹药能力的“察打一体”无人机是当今无人机领域的重要研究方向。不过，以色列工程人员有更“简单”的方案——自杀攻击无人机。在 2010 年的欧洲萨托利防务装备展上，以色列展示了新一代自杀攻击无人机——“哈洛普”。

“哈洛普”采用廉价的活塞式发动机，机翼折叠后可以收纳在发射箱内，机头下方装有侦察设备吊舱。从公开资料看，“哈洛普”的战术是：从箱式载具发射，飞行到目标区上方，用机载光电设备观察地面情况，同时将视频传回后方控制站，由操作手判断哪些目标需要攻击，然后操纵“哈洛普”撞击目标。在实施自杀攻击前，“哈洛普”还可以作为无人侦察机使用。在以色列展出的照片和视频中，“哈洛普”准确地击毁了坦克和海上浮靶。以色列厂商称其战斗部装药达 50 千克，能轻易摧毁坦克等坚固目标。

“空中马骡”救护无人机

无人机不仅可以用来侦察情报和消灭敌人，也可以用来救人。2004 年，以色列开始研制“空中马骡”垂直起降救护无人机，2009 年原型机公开试飞，并且很快得到了以色列军方的订货。该机使用 1 台大功率涡轮轴发动机，可携带 227 千克有效载重，配备卫星定位系统和大量传感器。这些传感器可将无人机所有系统的工作信息传送给操作员。

也许有人觉得使用无人机救助伤员有点“不靠谱”，毕竟伤员的活动能力可能受到限制，未必能自己爬上无人机。如果伤势严重，无人机也不具备抢救功能。不过，以色列的工程人员同样也有自己的道理：无人机可以深入危险区域救人，即使失败也不会把更多的人搭进去。一些本来很危险的营救行动，指挥官必须重点考虑援救人员的安全，现在则可以果断实施营救行动，大大提升伤员的生还概率。

比利时“瑞摩斯–100”无人水下航行器

无人潜航器：
未来海战“撒手锏”

文 | 李杰

随着无人飞行器在战场上的使用日益成熟，美国海军也将“大排水量无人潜航器”列为发展重点。根据美国海军《情报、监视与侦察路线图》，美军计划从 2017 年起逐渐列装无人潜航器，到 2020 年前后，美军将拥有 1 000 套以上的无人潜航器，从而形成一支庞大的水下无人舰队。

实际上，早在 20 世纪 60 年代无人潜水装置就出现了，它的应用领域从打捞到救援，从海底勘探到反水雷作战，甚至可能成为最好的反潜武器。

应运而生

无人水下航行器，又称无人潜航器或潜水机器人。一般来说，无人潜航器由主体骨架、探测系统、推进系统，以及航行控制系统等几部分组成，不少无人潜航器上还配有机械手等机构。

20 世纪 60 年代，美国开发出世界上第一代无人潜航器，它安装有水下电视摄像机、声呐和打捞机械手等设备，采用电动推进装置，最大工作深度超过 2 000 米。进入 20 世纪 90 年代，世界各主要海军国家相继开发出多种类型、用途广泛的无人潜航器，其中美国海军最为重视、投资最多。1994 年，美国海军海上系统司令部无人潜航器项目办公室制定“无人潜航器总体规划”，率先发展能执行各种水下侦察、搜索、通信、导航、猎雷和反潜等作战任务的自主式潜航器。1999 年，美国海军又提出一套完整的无人潜航器发展方案，希望加大研制与发展力度，及早达到类似无人机的多用途性和通用性。

按照引导方式，无人潜航器可分为遥控式和自主式两类。遥控式潜航器由水面舰船通过缆线实施控制，并为其推进装置、任务组件和通信系统输送电力。自主式潜航器自带能源，航行时不受缆线牵制，可以在计算机控制下完成预定任务，也可以根据临时指令完成专项任务。

特点多多

与体形越来越庞大的有人驾驶潜水艇相比，无人潜航器具有许多独特的优点：

第一，隐蔽性好。无人潜航器尺寸小、重量轻、潜深大，且航行噪声小。如美国海军“海马”级自主潜航器长 8.69 米，宽 0.97 米，重 3.73 吨，可在深 10～300 米的水域独立执行多种任务，很难被探测和搜寻到。

第二，机动灵活。无人潜航器凭借小巧灵活的身躯，在水下战场自如活动、机动出没；即使浮出海面，也因目标小而不易被探测发现。例如，美国“远期水雷侦察系统”无人潜航器酷似鱼雷，可从“洛杉矶”级或“弗吉尼亚”级核潜艇的鱼雷发射管发射，按预定程序搜索目标区；且每隔 9～12 小时浮到海面，根据 GPS 卫星校正定位，并将探测到的疑似水雷物的图像，通过无线通信发送回母舰/艇。安装在潜航器前端的前视/侧视声呐，可以用来搜索海底水雷、规避水下障碍。

第三，维修方便。与现代潜艇相比，无人潜航器无论是总体结构、部件设施、推进装置还是武器系统等，都要简单得多，因此使用维修成本低、保养程序少。

第四，不会造成人员伤亡。无人潜航器通过预编程序或遥控运行，因此在水下行动时既可以适当加大机动过载，也没有人员伤亡的顾虑。

实际上，无人深潜器的水下生存环境可以用“极其恶劣”来形容。众所周知，海水的密度是空气的800倍，每增加10米水深，水压就会加大1个大气压。更重要的是，水下不仅漆黑一片，而且有各种暗流、涌浪，海底地貌也是千沟万壑。无人潜航器要在如此复杂的环境中航行、定位，并完成各种使命任务，要求自身具备十分突出的航行、探测与规避功能。

身手不凡

如今，各类先进的无人潜航器不仅可担负水下搜寻打捞、海底侦察、海底通信中继等任务，而且在反潜作战、打击水面目标、扫雷等领域也颇有建树。从寻找失事舰船、探测打捞、海上救生，到资源勘探、光缆铺设，自主式无人潜航器已成为水下作业的主力。美国在打捞“挑战者”号航天飞机残骸时，一度同时动用了“探索4号”“短跑”“天蝎”和“柯沃3号”等四种遥控无人潜航器。

搜寻与歼灭水雷是无人潜航器的“拿手好戏”。在2003年伊拉克战争中，美军启用“海神之子”遥控探雷系统来清理乌姆盖斯尔港的航道，收到了很好的效果：16个小时完成了预计要连续潜水21天的作业量。日前，泰国海军决定采购德国“海狐”反水雷无人潜航器。在作业时，“海狐”先通过自导声呐定位海底目标，然后通过摄像机进行确认，最后使用内置聚能破甲弹摧毁目标。

此外，使用无人潜航器发起隐蔽、近距进攻也已不再是梦想。美国海军“曼塔”自主式无人潜航器就是一种出色的水下无人作战平台。携带小型鱼雷的“曼塔”可以悄悄航行到预定的浅海海域，甚至偷偷进入敌方港湾，并长时间潜伏，及时发回探测到的情报。一旦接到攻击指令，“曼塔”就会使用自身携带的鱼雷，打击特定目标。

前程无量

2005年1月，美国海军发布了《无人潜航器总体规划》，将无人潜航器提高到与无人飞机、无人战车和机器士兵的同等地位。规划将无人潜航器作为美国海军实施网络中心战、加强水下情报、监视、侦查系统建设的重要环节；要求新一代无人潜航器适应浅海地区复杂环境下的联合作战要求，可搭载各种类型的鱼雷、导弹，甚至核弹进行自主攻击；可长时间隐蔽搜集水中和水面情报，或作为诱饵协助母舰/艇猎杀敌方潜艇；可对敌方潜艇进行长期跟踪，并拥有智能化攻击能力。

许多海军专家认为：未来的无人潜航器如果能够达到现有普通潜艇的水平，如长度达到30米左右、重量增至50吨，就可以携带更多武器。未来无人潜航器采用的技术将更先进、智能化程度将更高，且相互间的协同作业与行动将是未来发展的重点。

“獾”式突击车

“特种机器人”驰骋未来战场

文｜王环

2013年9月发生在肯尼亚西门购物中心的恐怖袭击事件凸显出城区作战的复杂性，由于没有合适的近战装备，当地军警与恐怖分子鏖战多日，最终连抓到几个恐怖分子都心里没数。反观美国，2013年4月16日在波士顿发生两起爆炸后，美国联邦调查局、国土安全局等治安和反恐机构一齐上阵，除了派警员挨家挨户搜查，还动用大量先进装备搜索嫌疑人、排查爆炸物。最终，警方使用SWATBOT机器人携带红外成像仪锁定了爆炸案二号嫌疑人的藏身位置，并将其逮捕。

事实上，在未来战场上，各种无人地面车辆的作用不可忽视，它们将承担侦察、运输、排弹、医疗撤运和直接攻击等多种作战任务。下面就介绍一些设计独特的“未来战士”。

“持盾”机器人

SWATBOT是一种独特的“持盾”机器人，采用A440F不锈钢板和航空级铝合金制造。凭借高强度的制造材料，SWATBOT能抵挡口径为5.45毫米和7.62毫米的子弹打击，可以为12名战斗人员提供近距离保护。有了它的保护，特警可以接近那些带着武器，或藏在车辆后面、建筑物里面的武装人员。遥控操作时，还能用高分辨率摄像机近距离探查爆炸装置。

此外，SWATBOT还配备有一个拉力高达2 200千克的绞车、机械臂等。其采用的附件如破门器可以瞬间击倒大铁门；利用带有矛头的刺绞链，可以刺穿汽车轮胎或刺入汽车车体，以便将车辆迅速拖走；其灯光阵可发出16 000流明的强光，将罪犯的眼睛致盲。SWATBOT携带的红外线成像仪还可以帮助消防队员、保安人员和检查人员，拍摄建筑内部情况。

“獾”式突击车

严格来说，“獾”并不是无人地面作战车辆，而是载人装甲突击车。之所以在这里介绍“獾”，是因为其“迷你”的外形并不比无人车辆大多少，更有着独特的性能，特别适合城市作战，而将其发展成无人车也并不困难。

“獾”最初于2007年问世，是一种专门为城市特警设计的专用装备，其车体长 213.36 厘米，宽 137.16 厘米，高 81.28 厘米，重约 1 497 千克，采用输出功率为 22 千瓦的柴油发动机，最高速度约 10 千米 / 小时，车内可载 1 人。由于可以中枢转向，“獾”适合在电梯、楼梯、学校走廊等特殊的狭窄场所行动，具有超强机动性。坚固的车体能撞倒墙体，穿过成堆的瓦砾和残骸，也能适应恶劣气候条件。

据介绍，“獾”有两个型号（PAV1 和 PAV1.2），前者的人员进出舱门在车顶；后者的人员进出舱门在侧面。车体具备防弹装甲，内衬凯夫拉纤维，弹道防护能力达到四级。在测试中，9 毫米卢格手枪弹、马格努姆 12.7 毫米手枪弹、M16 步枪所用的 M193 式 5.56 毫米枪弹等都无法穿透“獾”的防护装甲。据说新设计的“獾”甚至能抵御小口径火炮。

“粗齿锯”无人车

曾在 2005 年参加美国下一代“无人驾驶地面车辆”概念车展的“粗齿锯”则是按照最快履带式无人车理念进行设计的产品。从外形来看，“粗齿锯”就像是一个缩小版的履带式步兵战车，只是比载人型履带式步兵战车小得多，车身也呈低矮的多面体。2009 年 11 月初，美国陆军对“粗齿锯”进行测试，证明它可以 97 千米的时速在凹凸不平的泥泞路面上行驶，而且从零加速到时速 81 千米只需要 5 秒。该车可以爬上 45 度左右的山坡，而传统履带式车辆的爬坡能力无法超过 35 度。

值得特别指出的是，为了让“粗齿锯”的履带行走机构能适合软硬程度不同的路面，设计人员发明了一种液压减震装置与弹簧车轮相结合的结构，能自动、实时调整履带的预张紧度。凭借这一独特设计，“粗齿锯”即使从四米高的沟坎一跃而下，履带也不会滑落。

在“粗齿锯”车身上部，一共安装有 6 个摄像头，能将周围 360 度范围内的情况实时传回遥控指挥车，车顶安装遥控武器站，主要武器为 M240B 型 7.62 毫米通用机枪或 M134G 型 7.62 毫米“米尼岗”转管机枪。

据称，美军曾在 2001 年将安装 M240B 型机枪的“粗齿锯”派往伊拉克执行任务。有军方人士认为，“粗齿锯”在遇到障碍物时可凭借超强机动性从障碍物上面越过，如果以几辆“粗齿锯”编组突击，可为有人作战车辆“开路”，

"粗齿锯"(前)与装有遥控操作台的装甲车(后)

从而提升地面部队的战斗力。

有趣的是，"粗齿锯"不仅得到了美军的订单，还受到好莱坞的青睐，在电影《特种部队 2》中"露脸"。这显然是厂商的软广告，但也反映出这种无人战车特别适合特种作战。事实上，美国军方和好莱坞的合作已有上百年，五角大楼甚至设置了与好莱坞合作的专门机构，为电影公司租用美军装备进行了明码标价。

遥控消防机器人

俗话说"火场如战场"。2012 年，霍氏科技公司又公布了一款名为 ThermiteRS1－T2 的遥控消防机器人。这种采用履带式底盘的机器人可以让消防人员对危机四伏的火场实施远程侦察，并进行遥控灭火作业。据介绍，该机器人可在 400 米内进行遥控操作，其外形尺寸为长 187.96 厘米，宽 88.9 厘

遥控消防机器人

米，高 139.7 厘米，重约 743.89 千克。这样的体积和重量可以方便地用消防车运输。

虽然个头不大，但 Thermite 的动力却不含糊，安装了功率高达 18.64 千瓦的柴油发动机。装备相机的 Thermite 可以穿越崎岖的地形对火场内部实施侦察，配装的机械臂可以牵引重约 576 千克的物品。它的主要灭火工具是一个全方位喷嘴，由一个流速为每分钟 2 270 升的水泵驱动。

此外，Thermite 也可以配置成推土机模式。通过两台机器人组合协作，消防人员可以在远离火场的安全场所对火场内部火势进行评估、搜寻幸存者或清理废墟。在一些极端危险的场所，如油库、加油站、炼油厂、化工厂、军火库、核反应堆等环境中，消防机器人都大有用武之地。

防空反导

意大利“天龙座”轮式自行高炮

意大利“天龙座”
轮式自行高炮

文 — 唐晓明

现代战场上，航空兵器已成为各国陆海军最忌惮的威胁。为了给部队提供更有效的防空保护，各国倾力研制新型防空武器，意大利奥托·梅莱拉公司研制的“天龙座”轮式自行高炮就是一款典型兵器。

“天龙座”自行高炮给人印象最深的是“大脑袋”——重达 5.5 吨的炮塔。这倒也不奇怪，因为该炮属于中口径炮，尺寸和重量远超 40 毫米以下的小口径炮，炮塔不大就装不下。而且 76 毫米口径的炮弹体积也较大，加之射速高，弹药消耗大，只有大型炮塔才能携带足够弹药。

“天龙座”的主炮是经过改进的奥托 76 毫米 62 倍径舰炮，保留了原舰炮具有的结构紧凑、重量轻、射速高和自动化程度高等优点和原舰炮的内外弹道特性，同时对炮膛和炮闩进行了较大改进，使其能发射新型弹药。在对空作战时，火炮射速超过每分钟 80 发。

“天龙座”自行高炮的火控系统采用一部 X 波段 NA-25X 火控雷达。行军时，雷达收折于炮塔左后侧，并有装甲盖板予以保护。炮塔右侧中部上方还装有一部大视场周视光电探测系统（包括电视摄像机和热像仪）。此外，炮塔上还装有一具激光测距仪，作用距离 20 千米。

对空作战时，“天龙座”自行高炮可以使用预制破片弹、多用途预制破片弹和“飞镖”制导炮弹。其中，多用途预制破片弹在预制破片弹的基础上提升了炮口初速，内置 3 000 个方形钨合金破片。独特的弹体内腔设计使弹药引爆时会产生聚能效应，从而使破片更集中，杀伤效果更好。“飞镖”则是奥托·梅莱拉公司研制的一种近程反导弹药。

“天龙座”自行高炮采用的底盘是“半人马座”8×8 轮式装甲车底盘。在不加装附加装甲的情况下，“半人马座”装甲车的焊接钢装甲能抵御 14.5 毫米口径机枪近距离发射的穿甲弹，还能承受 6 千克装药的地雷在车轮下爆炸或 3 千克装药的地雷在车底爆炸所产生的冲击。

总的来说，“天龙座”自行高炮能在小口径高炮两倍射程的距离上对精确制导弹药实施有效摧毁，其发射的“飞镖”制导炮弹杀伤威力更大，而且效费比高。而对于热门的 C-RAM（反火箭弹、炮弹、迫击炮弹）概念，“天龙座”及其配套弹药是一个颇具潜力的备选项。

飞虎

文｜萧萧

“飞虎”和“天马”：韩国野战机动防空双雄

随着韩国与美国频繁举行大规模军事演习，韩国与朝鲜的关系持续紧张。为了安抚国内的不安情绪，韩国政府在许多关键设施附近都配置了密集的防空武器，韩国自主研制的“飞虎”式自行防空机炮和“天马”式自行防空导弹是其中的常见“角色”。

“飞虎”式自行防空机炮

韩国陆军原来配备的野战防空武器是装设在车辆上的美制“火神”机炮，但是这种 20 毫米口径的六管机炮的防空范围有限，无法满足野战防空需求。

天马

“飞虎”式（Biho）自行防空机炮是韩国自制的第一种机动化防空武器，韩国陆军制式编号 K-30。韩国从 2001 年开始量产“飞虎”式。韩国陆军总计配备 150 套。

“飞虎”式由韩国自制的 K200 装甲车底盘改造而成，车体长度从 5.48 米增至 6.5 米，为此，底盘还增加了一对车轮。由于重量增至 25 吨，“飞虎”式配备了更强劲的 D2840L 型柴油机，发动机最大出力 520 马力，搭配全自动变速箱。

“飞虎”式炮塔两侧各有一门 KCB 型 30 毫米口径机炮，以及搜索雷达、光电追踪仪、光学瞄准仪等感测系统。KCB 型机炮主弹舱配弹 500 发，备用弹舱配弹 100 发，采用弹链供弹，射速 600 发 / 分钟，射程 3 000 米，射高 2 000 米。

“飞虎”式的 LGGSTAR-30X 型搜索雷达由韩国自行研制，搜索范围 0.3～21 千米，探测高度 3 000 米，能提供全天候的目标捕获能力。光电追踪系统则由美国雷锡恩公司提供，整合了激光测距仪、昼间电视摄影机、红外热成影像仪等设备，搜索模式的侦测距离为 7 千米，追踪模式的有效范围是 6 千米，激光测距仪的有效距离约 5 千米。此外，炮塔顶部前方还装有一台备用的光学搜索瞄准仪。

“天马”式自行防空导弹

“天马”式（ChunMa）自行防空导弹是韩国陆军现役先进的近程地对空导弹系统，从2002年开始量产，韩国陆军列装了35套，韩国空军也装备了约30套。该系统由三星公司负责研制，虽然号称是韩国自制，其实只有配套的导弹是韩国自行设计，其他重要部件，如炮塔、导弹发射架、感测系统、内部显控设备等完全移植自法国响尾蛇NG型防空系统。底盘则与“飞虎”式自行高炮相同，都是由K200装甲车修改而来。

基本上，“天马”自行防空导弹系统的技术特性与响尾蛇NG型完全相同，最特殊之处是配备有多重感测系统，全套感测系统是由E/F波段固态脉冲多普勒搜索雷达、Ku波段脉冲多普勒追踪雷达、前视红外搜索装置、昼间电视摄影机所组成。两款雷达内都建有电子反压制功能，具备良好的抗电子干扰能力，能在复杂的电磁环境下有效对抗空中目标。搜索雷达采用新型的平面式电子扫描天线，扫描速度是每分钟40转，具有追踪及扫描功能，最大探测距离20千米，最多能同时追踪8个目标并自动进行威胁评估。追踪雷达采用传统抛物面天线与行波管设计，最大探测距离18千米，能追踪速度2.6倍音速以下的直升机、战机等目标。

“天马”自行防空导弹系统的炮塔两侧各有4具导弹发射管，导弹被密封在发射管内。导弹由韩国研制，外形与法国响尾蛇NG型系统配备的VT-1型导弹完全不同。不过，两款导弹都采用“瞄准线制导系统”，由火控雷达或光电系统持续锁定目标，由红外定位仪持续追踪导弹尾焰，火控计算机根据这些数据持续计算目标与导弹间的相对位置，并将修正后的飞行参数传输给导弹，直到击中目标。

“天马”自行防空系统配备的导弹重86.2千克（含重约12千克的高爆破片弹头），飞行速度2.6马赫，机动过载可达30G，射程约10千米。法国响尾蛇NG型防空系统的VT-1导弹，飞行速度3.5马赫，机动过载可达35G，射程约11千米。从相关数据来看，韩国研制的导弹在性能方面略逊于法国制造的VT-1型导弹。

自研武器令韩国自豪

随着韩国打造信息化陆军，野战防空能力受到重视，陆续装备“飞虎”和“天马”两种自行防空武器，不仅加强了韩国陆军的综合战斗力，更重要的是促进了韩国国防工业的发展。

总的来看，“飞虎”防空机炮和“天马”防空导弹的综合性能，在各国的同级武器中并不显得突出，但是韩国仍相当自豪。其实以韩国的国际关系来说，完全可以从外国采购优质野战防空武器，例如俄制铠甲 S1 和通古斯塔防空系统、美制复仇者防空系统等，然而韩国基于国防自主与维持已有研制能力的考虑，仍决定采用自制的防空系统，不仅让这些武器有了改进和后续发展的空间，还可寻机推动武器出口。

伊朗“雷神-M1”导弹

强弓射利箭：
伊朗“雷神-M1”地空导弹

文｜风云

长期以来，在外部军事威胁下，伊朗一直谋求加强本国的防空能力，加紧部署先进的防空系统，其中来自俄罗斯的29套“雷神－M1”地空导弹系统成为“最可信赖的保护伞”。据悉，这批2005年末购自俄罗斯的野战近程防空系统目前隶属于伊朗革命卫队，随时准备着给入侵的敌机致命一击。那么，这些防空系统的性能究竟如何呢?

防空系统性能不凡

“雷神－M1”地空导弹系统（俄罗斯编号9K331）由俄罗斯安泰公司于20世纪80年代中期研制，1991年装备部队。尽管已问世20多年，但凭借前瞻性的整体设计和独特技术，“雷神－M1”仍称得上同类防空系统之翘楚。由于该系统采用特殊的高抛“准最佳弹道”——导弹先爬升到最高点，再向下发动攻击，被形象地称为“来自头顶的攻击”。此外，它还具有以下性能特点：

1. 多目标交战能力

目前，射程10千米左右的地空导弹系统，通常采用无线电指令全程制导方式，其多目标交战能力，取决于制导雷达的多目标处理能力。在这方面，采用相控阵制导雷达的“雷神－M1”具有先天的优势，它的相控阵制导雷达可采取边跟踪边扫描的模式，同时追踪两个目标，并对两枚导弹进行控制。因此，“雷神－M1”在攻击目标数量上比其他近程防空系统提高一倍。

2. 雷达抗干扰能力强

当战斗机遭到导弹攻击时，投放箔条是常用的自保手段，然而，这些箔条离开飞机后会迅速减速，导致它们反射的雷达波与飞机不同，“雷神－M1”的多普勒雷达可将这些杂波过滤，让真正的目标现形。

此外，目前西方战斗机上广泛采用AN/ALQ－181电子干扰吊舱，它可以“瞄准”防空系统的雷达，发射杂波干扰。“雷神－M1”的制导雷达采用大间隔变频技术，能有效对付这种瞄准式的杂波。另外，即便雷达被大功率杂波干扰，但这种干扰只能让雷达失去目标的距离信息，仍能精确测定来袭目标的方位，“雷神－M1”既可以采用三点法测定敌机位置，也可以采用“抗干扰瞄准线”（即始终将导弹控制在雷达和目标的连线上）击落目标。

“雷神－M1”的制导雷达还采用了旁瓣对消技术（先测得旁瓣杂波信号，

再从主信号中减去杂波信号）。可以说，目前绝大多数单一干扰方式，都很难完全压制“雷神－M1”。

3. 低空拦截性能极佳

“雷神－M1”系统的9M331导弹采用鸭式气动布局，该布局是一种“静不稳定”布局，因此其动态响应快。配合功率强大的双推力发动机，导弹的最大横向过载可达30G，最大飞行速度2.5马赫，主动飞行距离可达9～10千米。而且，导弹发动机的燃烧时间长达12秒（法国“响尾蛇”导弹的发动机只能燃烧3秒），即使在射程末端仍具备极强的飞行变向能力，一般的飞机和导弹很难逃脱拦截。根据俄方公开的数据，该防空系统的杀伤区低界只有10米。这对那些试图超低空突防的飞机和巡航导弹构成致命威胁。

4. “行驶间攻击”对抗防区外打击

随着防区外远程精确打击弹药大行其道，人们一度认为“雷神－M1”之类的近程防空系统，在现代战争中难有还手之力。然而，“雷神－M1”在高强度的空地对抗中，并非想象中那么脆弱。其对策就是以高机动载具保生存。该导弹系统的主战装备只有两种车：9A331－1战车和9C737指挥车。9A331－1战车将搜索雷达、制导雷达、两个四联装导弹模块集成在一个车辆底盘上（该底盘越野性能极佳），一辆车就是一个作战单元。“雷神－M1”能够边行驶边搜索目标，短停半分钟就能完成一次射击。大部分防区外发射的精确攻击弹药对这种运动目标的打击效果并不理想。而且，对于亚音速导弹，“雷神－M1”完全可以进行拦截。

5. “窄波束雷达”应对反辐射弹药

“雷神－M1”的火控雷达采用的相控阵天线在空中形成的主波束非常狭窄，除非这个波束已经瞄准敌机，否则敌机的电子战系统很难抓住这个不断扫描的波束，也就难以对“雷神－M1”进行定位。即便来袭战机成功定位，并发射AGM－88“哈姆”反辐射导弹，9A331－1战车可以通过短暂雷达关机和快速驶离，躲过“哈姆”导弹的袭击。

装备部署大有讲究

在俄罗斯陆军中，“雷神－M1”是作为陆军师一级的野战防空系统。对伊朗来说，29 套“雷神－M1”不可能保护其庞大的地面部队，因此，“好钢”无疑要用在“刀刃上”。对伊朗而言，首先，核设施无疑是重点防御目标；其次，指挥机构也必须保护，以免遭到“斩首”；最后，用于反击的杀手锏——机动导弹发射架也需要得到保护。在“雷神－M1”数量有限的情况下，如何部署是个关键问题。

事实上，防御固定目标，并非“雷神－M1”的设计初衷。以伊朗位于纳坦兹的核设施为例，保护这样的目标，至少需要一个营的“雷神－M1”（4 辆 9A331－1 战车和 1 辆指挥车）。“雷神－M1”虽然具备 12 千米的射程，但该防空系统的最大航路捷径（导弹阵地到目标航线地面投影的距离）只有 5 千米。这就意味着战车必须部署在被保卫目标周边 5 千米内。这样的部署方式极易被侦察，且不利于机动抗击。

如果用于保护机动导弹发射架，部署方式就可以灵活得多。9A331－1 战车可以分别跟随被保护目标实施广泛机动，甚至可以临时藏到立交桥或仓库里面躲避侦察，再择机出来给敌机致命一击。

体系对抗决定成败

尽管“雷神－M1”堪称能攻善守，但是伊朗部队若想像演习中那样轻松击落入侵敌机，也并不是一件容易事。

首先，伊朗缺少全面可靠的情报支援。现代空地对抗是系统性对抗，离不开精确的情报支援。“雷神－M1”平时通常处于关机状态，得到预警情报后才会开机搜索。伊朗现有雷达网对 100 米以下的低空无法形成可靠的预警覆盖，这就可能导致敌方导弹已命中目标，而“雷神－M1”还未开机。

其次，伊朗缺少中远程区域防空系统的掩护。敌机可以从容地在高空（6 000 米以上）对“雷神－M1”的阵地发起进攻。据外电报道，目前伊朗还有一些老旧的“霍克”地空导弹，但这些“霍克”导弹的作战效能令人非常怀疑。

再次，“雷神－M1”对抗单种干扰能力很强，但是遇到复杂的综合干扰，其作战效能也会大打折扣。有消息称美国已经派遣技术专家到希腊防空部队，研究其装备的“雷神－M1”。毫无疑问，美军将对这种防空系统的工作细节和主要弱点有深入了解，这将进一步降低“雷神-M1”的威胁。

最后，除了巡航导弹和F-15、F-16战机，隐身战机和无人攻击机也会对“雷神-M1”构成巨大威胁。

从世界地空导弹战史来看，俄制地空导弹在与具备强大空袭体系的对手对抗时，耗弹量巨大，斗争残酷，经常会有整营的地空导弹部队遭到灭顶之灾。要想依靠少量“雷神-M1”击落敌机，不仅需要好运气，还要依靠对手的失误。

不过，这也并不意味着“雷神-M1”在战时会一无所获。一旦发生战争，大量孤军深入的无人机很可能变成“雷神-M1”的“靶机”。而那些临时做出决定、组织仓促、支援不力的空袭行动也必将受到“雷神-M1”的痛击。

俄“山毛榉”防空系统

俄“山毛榉”
先进中程防空系统

文｜雷炎

随着俄罗斯向叙利亚政府交付武器的步伐逐渐加快，其中，“山毛榉”先进中程防空导弹系统也被重点关注。

超越“萨姆-6”防空系统

说起“山毛榉”，就不能不提大名鼎鼎的“萨姆-6”防空系统，这种机动中程地空导弹曾在1973年的中东战争中大显身手，在历时18天的战争中，击落了41架以色列空军战机。然而苏联的军工科研人员还是从战争中发现了“萨姆-6”的诸多弊端，未雨绸缪地开始研制下一代师属机动地空导弹系统，“山毛榉”防空系统遂应运诞生。

1974年9月，首套“山毛榉”系统在埃姆博靶场展开测试。完整的“山毛榉”系统包括指挥车、目标搜索雷达车、地空导弹、发射车、发射装弹车，以及技术保障设备与教学训练设备。试验证明“山毛榉”系统是一种可全天候作战的中程防空武器，能在主动式电子对抗条件下打击有人驾驶或无人驾驶中低空目标。1980年，苏联陆军开始用9K37型“山毛榉”系统取代旧版“萨姆-6”防空系统。

如今俄罗斯出售的是21世纪初推出的“山毛榉-M1”改进型。与9K37“山毛榉”基本型相比，“山毛榉-M1”的指挥和作战平台有了重大提升，采用GM-569履带式底盘，凭借较强的行驶与越障能力，“山毛榉-M1”可以轻易伴随部队行动，并可在行军状态下随时构建发射阵地。

“山毛榉-M1”系统的指挥车（9S470M1）能同时跟踪15个空中目标，并将其中最具威胁的6个目标分配给发射车，在跟踪成群目标时可靠性较高，能有效指挥各种装备进行体系作战。“山毛榉-M1”的导弹发射车（9A310M1）使用9M38M1地空导弹，作战距离可达85千米，与最初的“山毛榉”系统相比，增加了25%～30%，同时提高了抗干扰能力。在发射架开启的情况下，导弹发射车可以30千米的时速行驶数千米，进入新阵地后只需20秒即可投入战斗。

事实上，“山毛榉-M1”的可靠性与有效性不止一次地在演习和实战中得到验证，在“防御-2002”演习中，“山毛榉-M1”在阿舒卢克靶场轻松击落80多个不同类型的空中靶标，而在2008年的南奥塞梯战争中，俄第58集团军防空部队动用“山毛榉－M1”击落多架格鲁吉亚“天蝎”强击机。

“山毛榉－M2E”准备出发

有消息称，如果叙利亚的形势进一步恶化，俄罗斯有可能向其提供更为凶悍的“山毛榉－M2E”系统。据称它只列装俄陆军防空部队，通常不允许出口。

据资料显示，“山毛榉－M2E”主要针对“山毛榉－M1”的两大不足进行了改进：一是打击弹道飞行目标时射程不够，命中率不高；二是无力拦截掠地飞行的巡航导弹，而这些恰恰是北约国家惯用的武器。

据介绍，“山毛榉－M2E”系统由以下部分构成：

■ 9S470M1 指挥车。可发现并跟踪 60 个目标，能将其中 24 个目标的导引信息传递给导弹发射车，并同时指挥 6 辆发射车作战。指挥车总重 25～30 吨，车内有 4 个工作台。

■ 9S18M1 目标搜索雷达车配备相控阵扫描雷达。能自动切换工作模式和扫描速度，最远探测距离 160 千米，最大探测高度 3 万米，环形扫描一次防区只需 4.5～6 秒。该雷达车有履带式和轮式底盘两种，分别重 35 吨和 30 吨。

■ 9A317 导弹发射车。重约 35 吨，自带雷达可同时跟踪 10 个目标，对其中 4 个发起攻击。目标发现距离为 100～120 千米，对于选中的打击目标，可从相距 95 千米处开始密切跟踪，在获得目标识别信息后，并在 14 秒内发射导弹。

■ 9A39M1 装弹车。有履带式和轮式底盘两种，分别重 38 吨和 35 吨。轮式装弹车运载 8 枚导弹，能在 12 分钟内为发射车装填 4 枚导弹，从运输车补充导弹只需 15 分钟。

■ 9S36 火控照射雷达车。同样有履带式和轮式底盘两种，分别重 36 吨和 30 吨。这种雷达车用于先期发现、跟踪和识别目标，可判定低空及贴地飞行目标的类型，可从下方对目标进行跟踪照射，并将数据传递给飞行中的地空导弹，同时还可指挥两辆 9A39M1 装弹车作战。该车所载雷达安装在专门的可伸缩式俯仰装置上，扫描高度为 21 米～1.2 万米，从最小俯仰角调整到最大仅需 3～5 分钟。

■ 9M317 地空导弹。弹翼短小，配备半主动雷达导引头，采用固体燃料单级火箭发动机，可以双模态工作（亚燃与超燃）。与早期的“山毛榉-M1”所用的 9M38 导弹相比，9M317 的发射重量增至 720 千克，而且翼弦变小，弹翼前移，新式导引头内安装了计算机，命中率大大提高。9M317 导弹最大飞行速度为 1 200 米 / 秒，战斗部采用 70 千克的杀伤爆破弹头，可打击弹道导弹、巡航导弹、低飞固定翼战机、直升机等目标。据悉，导弹出厂并装备部队后的 10 年内无需技术检查，10 年后经过特殊处理即可延长服役期限，日常保养和维护非常方便。

俄军的实弹测试显示：只要目标的飞行速度在 400～1 000 米 / 秒之间，目标距离在 2.5～50 千米之间，目标高度在 15 米～2.5 万米之间，用一枚 9M317 导弹打击一个空中目标的命中率在 90%～95% 之间。

俄“勇士”防空系统导弹发射车

俄“勇士”系统：
野战伴随防空利器

文 | 安太

2013年10月，以研制防空系统著称的俄罗斯金刚石-安泰公司针对俄军高官进行了小范围的新技术新装备演示，其中，S-350“勇士”防空系统的展示是压轴大戏。那么，这种被厂商冠以“最优秀野战伴随防空武器”称号的武器系统究竟有何独到之处呢?

两种作战方案

关于S-350防空导弹系统的消息，最早是从2002年传出来的，当时俄政府把国内顶尖的防空武器科研生产单位整合起来，组建了金刚石-安泰公司。新公司把发展远程防空系统和中近程野战伴随防空系统作为重点攻关项目，前者的成果是S-400“凯旋”远程防空系统，而后者就是S-350“勇士”防空系统。

按照早期方案，S-350最基本的作战单元包括一辆“运输-起竖-发射”三用车（12联垂直发射管）、一辆供弹车和一辆雷达指挥车，它们均以莫斯科卡马兹机械厂提供的轮式卡车作为底盘。但等到正式产品下线时，S-350系统改用了俄布良斯克重工机械联合体生产的BAZ-6402拖头车和BZKT底盘，通过沼泽、崎岖砂石路面的能力显著提高，而且由于底盘重量增加，发射导弹时能承受更大的后坐力。更关键的是，S-350和S-400的底盘和动力系统也因此实现统一，对简化部队后勤帮助极大。

按照设计，S-350防空导弹系统主要采用两种配置方案作战：一是自卫型，基本作战单元由1部雷达火控车和4辆发射车组成，发射管内装填射程较近的导弹，主要拦截敌方巡航导弹、反辐射导弹、滑翔制导炸弹等；二是多功能型，以1部移动指挥车为中心，控制2辆雷达火控车和8辆发射车，同时装填2种不同射程的导弹，以便应对包括战术弹道导弹和战机在内的多种目标。

雷达系统有特色

对S-350系统而言，雷达无疑是它的“耳目”，其性能直接影响作战效能。据金刚石-安泰公司公布的信息，S-350采用一台X波段多功能相控阵雷达，其外观和工作方式都与欧洲泰利斯公司推出的“阿拉贝尔”雷达相似，其天线旋转速度达到每分钟60转，探测距离超过50千米。雷达的第一要务是为导弹提供制导，工作频率大致在8～12千赫之间，并能为导弹提供修正指令。作为多功能探测传感器，该雷达具有强大的目标探测和追踪能力，可以探测包括固定翼战机、直升机、无人机、巡航导弹和战术弹道导弹在内的多种目标，对其中40～50个目标进行持续跟踪，并引导16枚导弹拦截最具威胁的8个目标。

在信息化战争中，防空系统的雷达势必受到敌方的电磁干扰，甚至遭到反辐射导弹的“硬杀伤”，因此，金刚石-安泰公司为S-350系统的雷达车设计了必要的防护措施。首先是雷达采用频率捷变、低旁瓣等技术，提高抗干扰能力的同时对提升探测精度也很有帮助；其次为雷达车安装了3个旁瓣抑制装置，降低被反辐射导弹发现的可能；最后，雷达车还装有4个烟幕/箔条发射器，一旦面临威胁，能在周围快速形成“致盲区”。

导弹“高截低挡”

上文提到，S-350系统可以配用两种导弹，以便应付不同距离、不同飞行特性的目标。在打击远程目标时，S-350选用火炬设计局研制的9M96导弹。在打击近程目标时，选用9M100导弹。两种导弹均采用“垂直冷发射”技术，通过发射管内的高压气体将导弹推至距地30米高处，再启动导弹主发动机，依靠燃气舵调整飞行姿态，引导导弹飞向目标。

9M96导弹全长4.75米，直径270毫米，翼展480毫米、弹重333千克，战斗部重24千克，导弹射程可达40千米，作战高度从5米～2万米，平均飞行速度2.2马赫。该导弹采用复合制导，在飞行初段和中段采用惯性捷联制导并可接受X波段雷达通过数据链提供指令修正，而在飞行末段则采用主动雷达导引头进行自主寻的。根据测试结果，9M96导弹对战术弹道导弹类目标的毁伤概率为70%，对战机类目标则达到90%。

至于9M100导弹，则是由俄军航母上的“匕首”防空系统专用导弹发展而来。该型导弹长2.5米，弹径125毫米，射程约15千米。为了拦截低空危险目标，9M100采用“红外光成像+紫外光探测”的双模导引头，其灵敏度比9M96更高，而其他诸如矢量推力技术等第四代防空导弹的相关技术也全部具备。更关键的是，许多低空突袭兵器造价较低，金刚石-安泰公司以相对便宜的 9M100 导弹进行拦截，符合“军事经济学”原则。

取代“山毛榉”系统

据金刚石-安泰公司表示，S-350 防空导弹系统的市场目标首先是占领俄罗斯国内的中近程防空导弹市场，重点取代俄军现役的 S-125“伯朝拉河”防空导弹系统和“山毛榉”防空系统，同时在国际市场上与欧美等国研制的先进防空系统展开市场竞争。由于 S-350 系统全都采用高机动越野底盘，并对整体重量进行了控制，可使用伊尔-76、安-124 等运输机空运，从而实现快速部署，适合未来野战伴随防空作战的需求。

以色列“铁穹”

文 — 李夜雨

“铁穹”将改变
传统战争“游戏规则”

2012 年 11 月 15 日至 17 日，以色列在 3 天内遭到 737 枚火箭弹袭击，其中威胁较大的 245 枚被以军的“铁穹”火箭弹拦截系统拦截。有军事分析人士表示，有了“铁穹”这样的防御措施，今后以色列在应对火箭弹威胁方面将更有灵活性，从而掌握了防御的主动权，可以避免被动涉入战争。作为一种战术防御装备，“铁穹”将改变传统战争的“游戏规则”。

“火箭弹威胁”催生“铁穹”

自 2001 年以来，以色列南部就一直受到来自加沙的火箭弹袭击，而在 2006 年以色列对真主党游击队的战争期间，黎巴嫩向以色列北部发射了约 4 000 枚火箭弹，致使以色列后方基本瘫痪，此次的成功经验加速了该地区火箭弹的扩散。火箭弹俨然成了以色列面临的主要威胁。2007 年 2 月，以色列政府决定研制“铁穹”火箭弹拦截系统。具体研制工作由拉斐尔防务系统公司、以色列航宇工业公司埃尔塔系统子公司和 mPrest 系统软件公司共同承担。

在研制过程中，“铁穹”进行了多次试验。2008 年 7 月，首枚拦截导弹进行测试。2009 年 3 月，对模拟的来袭火箭弹进行了成功拦截。2009 年 7 月，“铁穹”首次接受“碰撞”拦截试验，成功拦截三枚火箭弹，这也是该系统首次进行完全拦截试验。2010 年 1 月，“铁穹”系统首次多弹齐发，成功拦截多个目标。2010 年 7 月，“铁穹”进行了最后的试验，以完全实战模式同时击落来自不同方向的大批危险目标。2011 年 2 月，以色列首次对该系统进行系统操作试验。试验中模拟了五种不同情境，“铁穹”均成功拦截来袭靶弹。

以色列国防军原先打算部署 10 个“铁穹”导弹连，其中 6 个供预备役部队使用，其余 4 个供正规军使用。但由于资金和人力缺乏，尚无计划建设如此多的导弹连。2012 年 5 月 17 日，美国防长帕内塔与以色列防长巴拉克会晤，美方宣布将向以方提供 7 000 万美元，为其装备更多“铁穹”。

据悉，更先进的第二版“铁穹”将进一步增强拦截能力，以便对付更大范围的威胁。第二阶段开发预计于 2013 年中期结束，之后，还将进入第三阶段开发（提升控制能力）。

拦截系统实施“秒杀”作战

每套“铁穹”系统由识别来袭目标的火力控制雷达、作战管理与武器控制系统，以及便携式导弹发射装置（配备数十枚高机动性导弹）组成。每套“铁穹”系统的造价约 5 000 万美元，每枚导弹的成本约为 6.2 万美元。这一系统有很强的机动性，可在几小时内转移和重新组装。

■ 探测 / 跟踪雷达。“铁穹”配备的雷达为 EL/M－2084 多任务雷达，是一种有源相控阵雷达，由以色列宇航工业公司埃尔塔系统分公司研发，被以军称作 RAZ。这种雷达安装在六轮卡车后部，可探测、跟踪、预测来袭炮弹和火箭弹的轨迹，并精确计算出每个目标的空间位置，对炮弹的探测距离为 100 千米，对飞机和导弹的探测距离为 350 千米，每分钟能处理 200 枚炮弹或 1 200 个飞机（导弹）目标。

■ 作战管理 / 武器控制（BMC）系统。该系统接收雷达探测的目标弹道信息，并对这些信息进行分析，计算弹着点，对探测到的目标进行拦截分配，在拦截导弹的飞行过程为其提供目标弹道的更新信息。BMC 系统能够对威胁优先排序，首先迎击威胁较大的目标，如果 BMC 系统确定来袭弹药将坠落在无人区域，就不会发射拦截导弹。

■ 导弹发射装置。每套“铁穹”配 6 部发射装置，每个发射装置携带约 20 枚“塔米尔”小型雷达制导导弹。导弹长 3 米，质量 90 千克，直径 160 毫米，安装有“命中即摧毁”战斗部，拦截目标时基本上采用“命中杀伤”攻击方式。同时弹头上还装有近炸引信，一旦导弹没有击中目标，在与目标交错的瞬间，该触发装置可引爆弹头将目标击毁。

“铁穹”系统的交战时间非常短，堪称“秒杀”。在敌方火箭发射后 5 秒内，雷达就能发现目标，并将信息发送给 BMC 系统，在 5 秒后就能建立一套可靠的目标跟踪路径。敌方火箭发射约 15 秒后，拦截导弹发射，导弹飞行约 20 秒后（拦截前 2 秒），雷达导引头被激活，控制导弹实施攻击。一套“铁穹”系统可保护约 150 平方千米的范围（典型以色列城镇面积的 15 倍），可对 15 千米外速度达 300 米 / 秒的来袭目标（炮弹、火箭弹和 155 毫米口径弹药）实施拦截。

在冲突中经受“弹雨”考验

作为世界上第一种反火箭弹系统，“铁穹”系统从研制之初起就受到各方关注。目前以军已在境内部署了四套“铁穹”系统。凭着“铁穹”系统，以军防空部队的战力大增。

2012 年 3 月 9 日，以色列对巴勒斯坦武装派别领导人实施“定点清除”，随即加沙武装人员向以色列展开报复行动，在四天时间内向以南部发射超过 200 枚火箭弹和迫击炮弹。这其实是近年来巴以冲突的最常见场景。不过，这次以色列在面对加沙火箭弹时有了新武器。凭借“铁穹”的护卫，以色列在“火箭弹雨”的打击下仅有数人受轻伤。据以军统计，在此轮冲突中，“铁穹”拦截成功率达到了 90%。

很长时间以来，“跑防空洞”是以色列南部地区居民生活的重要组成部分。然而，在这次巴以冲突中，以色列居民不但没有“跑防空洞”，反而是围观“铁穹”拦截火箭弹的壮观景象。网上出现了不少以色列居民拍摄的“铁穹”拦截火箭弹的视频，伴随着“真厉害”“太棒了”的惊叹声。

目前，以色列正在打造一套完整的火箭弹和导弹防御体系。该体系包括三层：首先是用于拦截短程火箭弹的“铁穹”防御系统，其次是针对中远程火箭弹的“大卫弹弓”系统，最后是应对远程导弹的“箭”式导弹防御系统。

在这套防御体系中，已经投入使用的“铁穹”主要用于防御加沙火箭弹，仍处于研发状态的“大卫弹弓”主要防备来自黎巴嫩的火箭弹。相较于加沙巴勒斯坦武装人员的“土装备”，黎巴嫩真主党拥有射程更远、精准度更高的火箭弹。以色列方面声称，真主党沿黎巴嫩与以色列边界部署大约数万枚射程40～300千米的火箭弹或导弹。“大卫弹弓”系统正是针对这些火箭弹和导弹而设计，由拉斐尔公司与美国雷锡恩公司合作研制。

在弹道导弹防御方面，以色列和美国自20世纪80年代起联合研制“箭”式系统。目前以军在中部和北部地区各部署一套改进后的“箭-2”型反导系统。正在研发中的“箭-3”型反导系统将具备在大气层外拦截导弹的能力。

伊朗“信仰-373”远程地空导弹

伊朗“信仰-373”远程地空导弹

文 — 黄山伐

近年来，遭受国际制裁的伊朗一直努力实现“国防自主”，许多号称“达到世界先进水平”的国产武器如“井喷”般被披露出来。2015 年 4 月 18 日，伊朗陆军在建军节活动中公开展示了外观类似俄制 S-300 的“信仰-373”地空导弹系统。此前，伊朗革命卫队防空司令法扎德 · 伊斯梅里表示，尽管俄罗斯有意恢复售伊 S-300 系统，但伊朗军方更青睐国产“信仰-373”，后者具有不错的作战效能，且相关技术完全自主。

曲线引进，自行仿制

早在 2007 年，伊朗和俄罗斯签署一份 S－300PMU2 地空导弹的采购合同，没想到这笔交易遭到美国和以色列的阻挠，导致俄罗斯在三年后宣布暂停交付。虽然事发突然，但伊朗并非毫无准备，据黎巴嫩电视台披露，基于地缘政治的考虑，俄罗斯虽然停止向伊朗交付 S－300 成品，但依然允许伊朗军方和技术人员接触该系统，并且对独联体国家秘密对伊转售 S－300“睁一只眼，闭一只眼”。

据俄罗斯“航空港”网站称，伊朗在 2008 年绕开俄罗斯，从白俄罗斯搞到多套苏联时代的 S－300PT 导弹，尽管性能落后，但设计原理和基本构造却与 S－300PMU2 大同小异。不过，伊朗官方对此从未予以证实。2010 年 4 月 18 日，伊朗在首都德黑兰举行建军节阅兵式，受阅方阵里突然出现了外观酷似 S－300 的国产“信仰－373”导弹，当时法尔斯通讯社援引国防部长瓦希迪的话称，“‘信仰－373’优于 S－300，它主要针对中高空目标，从作战记录来看，一半以上的空袭行动都是在这一范围内发生的，所以新防空系统将显著提高我国防御能力”。

可是，“信仰－373”在首次露面后就再也没有什么消息，直到 2014 年底的一次军演上才由伊朗电视台发布其野外机动训练画面，导弹发射车也刷上了军用涂装，似乎显示该系统已列装部队。

机动性强，战力成谜

据英国《简氏导弹与火箭年鉴》介绍，“信仰－373”几乎所有设备都安置在越野能力良好的轮式底盘上，从行军状态进入战斗状态只需五分钟，从值班状态进入战斗状态的时间长短则由系统自检过程和传感器输出指令过程所消耗的时间决定，但仍比伊朗军队原先列装的“霍克”“奈基”S－200 等防空系统快得多。此外，“信仰－373”系统的全部车辆都安装有夜视仪和行军用无线通信电台，战时导弹系统各组成部分可通过无线通信进行协同。

该系统的作战单位是连，连级作战指挥中枢为“勇士”指挥所。它包括跟踪引导雷达和战斗指挥所，前者安放在野战方舱内，雷达有两个天线，较大的方形天线安装在另一个较小的矩形天线上方，方舱内有一个带询问机的信号收发室，战时雷达天线不间断发射电波，实施目标探测、指示与跟踪，即使在强电子干扰下也能精确地为导弹指引目标；后者则部署在仪器方舱内。所有方舱都被安置到“佐尔约拿”10×10轮式重型卡车底盘上，可以快速机动。

作为基本战斗武器，每个“信仰-373”导弹连配备4辆发射车，以通行能力较强的8×8轮式重型卡车为底盘，车上有1部带4枚拦截导弹的垂直发射器。每辆发射车长13.11米，宽3.15米，高3.8米，重约42吨，可发射远程拦截导弹，最大打击距离约为90千米。“信仰-373”可同时向6个目标发射12枚导弹（每个目标2枚，以便确保摧毁目标），导弹发射间隔为3～5秒。按照当初的技术任务要求，“信仰-373”不具备拦截战术弹道导弹的能力，但根据该系统的设计特征，它完全可以实施有限的反导作战。

按照操作要点，“信仰-373”发射车在进入战斗状态前会首先停稳，并用液压支撑机构固定车体（在此过程中依靠车载工具进行水平调整）。导弹发射器竖起后，每辆发射车相隔5～6米。发射车与指挥所之间通过无线通信传输数据和命令。为了抵御敌方直升机和空降兵的攻击，地空导弹连装备了口径12.7毫米的重机枪。

防空网络，仍显单薄

俄罗斯战略文化基金会认为，尽管伊朗对“信仰-373”的威力大加赞赏，但它毕竟是一种未经实战验证的装备。更关键的是，伊朗军工业难以在短期内提供足够数量的“信仰-373”系统，“要知道，真正有效的武器不仅需要先进的技术性能，也需要有足够的数量”，因此，伊朗在防范其他国家可能发动的“军事冒险”方面仍存在隐患。

俄罗斯军事专家利托夫金称，从目前情况看，目前以色列一方面阻挠西方与伊朗核谈判，一方面仍在努力完善军事打击伊朗核目标的方案。这些方案可能选择两种形式：一是先由以色列实施导弹打击，在伊朗发起回击后，美国便以“调解人”形象干预；第二种可能是以伊朗海军和美国第5舰队在霍尔木兹海峡发生冲突为起点，以色列趁乱发起空袭。这两种攻击计划都离不开导弹部队与空军，也就是说，伊朗防御作战的主力是防空力量。

有军事专家指出，即便伊朗能在短期内部署五个左右的“信仰-373”导弹连，仍不足以保护伊朗全境，只能为一些最重要的设施提供保护。此外，“信仰-373”只对中高空目标有效，而伊朗防空部队装备的国产“伏击”、美制“霍克”等防空导弹均已老旧，能否有效配合“信仰-373”构筑起天衣无缝的防线，仍然值得怀疑。

洛克希德·马丁公司测试“微型撞击杀伤拦截弹”

“小不点”拦截弹

文｜安泰

为了遏制“潜在对手”，美国积极在欧亚大陆建设能拦截中远程弹道导弹的反导系统，引起相关国家的强烈反应。不过，对于在海外战场上玩命的美军士兵来说，这些反导系统太过高端，他们更需要能抵御游击队手中迫击炮和火箭筒的“保护伞”。正所谓“有需求就有生意”，美国防务企业自然不会放过赚钱的机会，研制反导系统的洛克希德·马丁公司就适时拿出名为“扩展区域保护和生存”的小型拦截系统，可用于保护军事基地免遭火箭弹和迫击炮弹袭击。

“密集阵”不适合陆战

在洛克希德·马丁公司的导弹家族中，“扩展区域保护和生存”系统只是个“小不点”，但其受到的重视程度超过许多人的想象。

早在美国出兵阿富汗和伊拉克之初，就发现自己的主战装备对付正规军很“给力”，但用于反游击战却完全不对路。因为游击作战没有前后方之分，化装成平民的袭击者经常向美军基地发射火箭弹和迫击炮弹。为了拦截射向伊拉克巴格达“绿区”的火箭弹和迫击炮弹，美国陆军曾急调两套海军用的 MK15 密集阵速射近防炮部署在军事基地周边。不过，实践证明，曾在军舰上有效完成近防任务的 MK15 近防炮不适合陆军用来守卫军事基地。MK15 一旦开火，无论拦截是否成功，它发射的数百发 20 毫米口径爆破弹必然导致周边地区遭到大范围毁伤。

意识到海外作战的实际需求，洛克希德·马丁公司在 2006 年主动向美国陆军航空与导弹研发与工程中心承揽下相关武器开发项目。美军的具体要求包括：具备 360 度作战能力，可拦截火箭弹、大口径炮弹和迫击炮弹，作战范围略大于 2 000 米，且足够便宜。经过几年努力，洛克希德·马丁公司拿出一款样品，它就是“扩展区域保护和生存”系统（EAPS），配套的导弹被称为“微型撞击杀伤拦截弹”（MHTKI）。

据称，在一系列试验中，这种 MHTKI 导弹可以摧毁火箭弹、大口径榴弹和小口径迫击炮弹，符合美国军方提出的各项技术要求，拦截弹的成本价约 1.6 万美元。根据美国陆军的五阶段研发合同，MHTKI 在当时计划于 2016 年进入美军服役。

为海外基地量身打造

据介绍，EAPS 系统的设计相当简洁，整套系统包括导弹和发射单元、有源相控阵雷达和火控车等几部分。根据洛克希德·马丁公司的官方手册和展会材料，综合判断 MHTKI 导弹的直径约 7 厘米，长度约 75 厘米，发射重量约 5 千克，普通士兵可以单手轻松拿起。公司销售代表介绍，MHTKI 拦截弹自身带有固体火箭发动机，有效射程 2 500 米，最大射程约 3 000 米，可安装到军用悍马等高机动车辆上，为驻外基地、兵站等提供保护。

根据最早的设计，MHTKI 是使用“指令修正 + 末段雷达制导”的微型拦截弹，但项目负责人克里斯·墨菲透露，洛克希德·马丁公司还在积极研制半主动激光制导和红外制导的改进型拦截弹。而该公司的销售人员曾明确表示，MHTKI 使用的是红外成像制导，理论上具备“发射后不用管”能力，这进一步增强了该系统的抗饱和攻击能力。需要指出的是，这种导弹只能从地面车辆发射，不能装备到直升机或无人机上从空中发射。

该系统采用美军“非瞄准线攻击系统”的垂直发射器，每套发射器有 15 个发射单元，每个单元质量小于 50 千克，能装填 9 枚拦截弹。由于发射单元体积不大，一辆军用“悍马”越野车可携带 1 套发射器，一辆重型高机动卡车可携带 3 套发射器。凭借庞大的拦截弹数量，该系统可以满足驻外军事基地抗饱和攻击的要求。

据称该系统的火控系统采用有源相控阵雷达，具体型号尚未确定。按照早期设想，它将使用具有频率捷变能力的四面阵有源相控阵雷达，可以 360 度全方位探测，能直接引导拦截弹实施拦截作战，且具备同时跟踪、锁定、拦截多个来袭目标的能力。不过在洛克希德·马丁公司发布的演示视频中，出现的是旋转单面有源相控阵雷达，还出现了雷达分出 5 个波束引导拦截弹几乎同时攻击 5 个目标的场景。

为了降低整套系统的成本，EAPS 的火控节点更为精简。其计算机处理能力达到 120 吉赫的浮点运算能力，内存最大 12 吉字节，磁盘阵列的最大存储能力可达 8 太字节，可在 0～50 摄氏度的温度范围正常工作。整个火控节点质量小于 30 千克，可由单人携带转移，也支持单机操作模式。

可能向海湾富国推销

由于各个组成部分都相当小巧精简，MHTKI 的整套系统十分轻便，最小部署模式下可由一架 C－130 运输机运输。一个完整的作战系统包括一部火控雷达车和四辆“悍马”越野车以及其携带的 540 枚拦截弹，两架 C－130 即可运送完毕。MHTKI 还吸取了洛克希德・马丁公司之前开发的中远程反导系统的设计经验，采用较便宜的商用产品进行集成设计，并积极使用美军现有的各种资产、硬件和软件，降低了对后勤的要求，满足了美国陆军对低成本尤其是低弹药成本的需要。

其实，在 EAPS 之前，世界上已经有以色列的“铁穹”反火箭弹系统成功投入使用。与保护美军基地、兵站等设施的 EAPS 不同，“铁穹”系统主要用于为平民区提供防御，其拦截弹重量约为 90 千克，有效射程 4～17 千米。当然“铁穹”的价格也更高，拦截弹单价高达 5 万美元左右。总体而言，EAPS 和“铁穹”并不在同一个级别，况且 EAPS 的火控节点正常工作温度为 0～50 摄氏度，没有考虑寒冷气候环境下的运用，几乎是为美国陆军目前的反恐作战环境量身定做的。

不过，也有消息称，洛克希德・马丁公司还在进一步研制加装助推火箭的拦截弹，以增大其作战范围。考虑到沙特、阿联酋、科威特、卡塔尔等海湾阿拉伯国家既有保护国内关键区域免受火箭弹和迫击炮弹袭击的现实需求，又不太可能购买以色列制造的“铁穹”反火箭弹系统，EAPS 的“增程”方案可能对这些国家有一定吸引力。

美军宙斯盾驱逐舰试射“标准-6”导弹

“标准-6”导弹：美舰载反导“新王牌”

文｜毕晓普

近年来，美国海军竭力渲染“他国导弹威胁”，并将舰艇防空重点由飞机类目标变为导弹类目标。据俄《航空航天杂志》报道，美国“伯克”级宙斯盾驱逐舰加快部署“标准-6”舰载导弹的步伐，与旧型号的“标准”系列导弹相比，“标准-6”更适合用于复杂海战环境，可以拦截弹道导弹和巡航导弹，构筑全方位防空体系。

强化应对“刁钻对手”

目前美军水面舰艇防空任务大致分为两类：一是拦截敌方飞机（包括战斗机、无人机和直升机等），二是拦截巡航导弹与弹道导弹。其中，最刁钻的对手莫过于掠海攻击的远程亚音速或超音速巡航导弹。

由于舰载雷达受到地球曲率的限制，对掠海飞行的导弹类目标发现距离大多不超过 40 千米，即便是先进的宙斯盾系统（它配备高灵敏度的 SPY-2 相控阵雷达和高速运算的火控计算机）也无法破解这一问题，这就导致一个奇特的现象：美国海军舰艇装载着大量射程可达到 200 千米的“标准”系列远程舰空导弹，却在面对掠海攻击的巡航导弹时，有效拦截距离普遍不超过 15 千米，这显然有些“大材小用”。

由此，美国海军从 21 世纪初开始研究以巡航导弹为主要拦截目标的舰载防空导弹，并诞生出“体系作战”模式。在这一框架下，战舰发射的防空导弹不需要依靠本舰的舰载雷达提供制导，而是可以根据需要选择其他作战平台的雷达（如 E-2C“鹰眼”预警机等）为导弹提供目标数据和制导，从而使战舰拦截巡航导弹的能力得到大幅提升。

提升舰队防空能力

对于美国军方的设想，美国防务企业的反应极为迅速。以研制防空导弹著称的美国雷锡恩公司在 2004 年提出“标准-6”导弹开发方案，重点针对海基反巡航导弹作战。2008 年 6 月，雷锡恩公司进行了首次“标准-6”导弹的实弹测试。2012 年，雷锡恩公司完成了包括制导测试、拦截飞行物在内的多项关键试验，验证了弹体、发动机及导航系统的性能。在此期间，雷锡恩公司开始低速生产“标准-6”，首批19枚在2011年夏初交付，同时开展第二批“标准-6”的生产。2013年11月，美国海军宣布“标准-6”已具备“初始作战能力”，并装备“伯克”级驱逐舰“基德”号，这也标志着“标准-6”进入全速生产阶段。目前雷锡恩公司正在为美国海军生产89枚“标准-6”导弹（包括导弹与零部件，价值3亿美元），预计在2015年前交付。

作为一种能快速提升舰队防空能力的多用途导弹，“标准-6”受到美国军方的大力追捧。2014年财年，美国海军再次拨款约3.6亿美元，采购93枚“标准-6”。如果一切顺利，美国海军的“罗斯福”号航母战斗群可能用“标准-6”导弹撑起“防空保护伞”。另外，根据预测，美国海军在2026年前采购的“标准-6”防空导弹数量可能超过600枚。

逐步研制“全能导弹”

公开信息显示，“标准-6”弹体长6.58米，弹径0.34米，重约1吨，飞行速度为3倍音速，最大射程超过370千米。它大量使用“标准”系列防空导弹的成熟弹体设计与配套零部件，如“标准-2”导弹（第4批次）上使用的MK72助推器和MK104双推力固体火箭发动机等，这就为“标准-6”在短短数年内完成试射并服役打下基础。值得注意的是，“标准-6”既可以使用主动雷达制导模式，也可以使用半主动制导模式（该制导技术来自AIM-120先进中距空空导弹）。当“标准-6”导弹发射后，不需要舰载火控雷达对目标进行持续照射，因此，即便目标位于雷达照射范围之外，导弹也能依靠其他作战平台提供的数据自动飞向目标所在方向，并在合适的时机开启导弹自带的主动雷达导引头完成目标探测和跟踪锁定。这也是美国海军试图打造的“海军一体化火控系统”的范例，即通过综合利用各种作战平台提供的信息，引导导弹攻击目标，实现超视距作战。

目前，“标准-6”舰载防空导弹要发挥作用，必须依托驱逐舰上安装的舰载宙斯盾作战系统。现役“标准-6”导弹的“搭档”是安装在“伯克”级驱逐舰上的“基线-9”版本宙斯盾系统，它由能遂行“网络中心战”的作战控制软件、SPQ-9B反导雷达、MK-160火控系统、升级版光电瞄准系统等组成，有远程搜索与持续跟踪能力，能大幅增加发现来袭巡航导弹的概率。

有意思的是，按照美国海军的设想，“标准-6”导弹最终应该是一款“全能导弹”——不仅可以拦截各种飞行器、弹道导弹和巡航导弹，甚至可以打击水面目标。不过，为了降低项目开发风险和控制生产成本，有利于大规模生产，美国海军没有要求生产商雷锡恩公司一步到位地研制出全功能“标准-6”导弹，而是分阶段采购逐步完善的导弹型号。鉴于“标准-6”导弹能在体系作战框架下与预警机、外围警戒舰艇配合，将拦截来袭巡航导弹的作战距离从传统的40千米推远到200千米（也有说法是150千米），有效保护航母和两栖攻击舰等高价值目标，美国海军希望“标准-6”导弹能大规模装备海军舰艇。

欧洲 SAMP-T 防空系统

欧洲 SAMP-T
陆基机动防空导弹系统

文 | 寒梅

随着以导弹和空袭为主的精确打击大行其道，相对的导弹拦截和防空武器就成为保障各国军队战场生存能力的必要装备。针对这一需求，美国开发并对外推销“战区导弹防御计划”，但美国的欧洲盟友们却更希望拥有独立自主的军事技术。

事实上，早在 1989 年，法国航太公司、汤姆逊公司和意大利阿莱尼亚公司就合组为欧洲防空导弹公司，联合研制“未来地空导弹”。次年，法国和意大利与欧洲防空导弹公司签署了 SAMP－T（一种陆基机动防空导弹系统）的研制合同。1998 年，SAMP－T 陆基机动防空导弹系统首度完整地在欧洲陆军展上展出。同年年底，首套 SAMP－T 原型系统在意大利陆军撒丁尼亚试验场进行了功能验证。2001 年，该防空系统在法国作战鉴定发射中心实弹试射成功。随后，经过多次试射，法国空军和意大利陆军于 2008 年开始列装首批配用“紫菀－30”导弹的 SAMP－T 防空系统。

公开信息显示，SAMP－T 防空导弹系统主要用于中程地面防空，对付战术弹道导弹、巡航导弹、反辐射导弹、喷气式飞机、无人机等空袭兵器的饱和攻击，保卫机动部队、后方重要设施及重要点目标。整个防空系统由火控系统、导弹发射装置和“紫菀－30”导弹等 3 大部分组成。火控系统包括 1 部“阿拉贝尔”多功能雷达和 1 个作战指挥控制舱，必要时还可以加配 1 部“斑马”天顶雷达和敌我识别系统。

一个典型的 SAMP－T 防空导弹连包括 1 辆指挥控制车、1 部“阿拉贝尔”雷达和 6 辆“运输－起竖－发射”车。每辆发射车预装 8 枚导弹，并携载大量的再装填导弹。“紫菀－30”导弹能够拦截飞行高度在 50～20 000 米之间的目标，对飞行高度在 3 000 米以上航空器的最大拦截距离为 100 千米，对低飞航空器的最大拦截距离为 50 千米。升级型（Block1）导弹装备有改进型导引头、引信、信号处理系统和定向爆破战斗部，能够拦截射程为 600 千米的战术弹道导弹。

作战过程中，除作战指挥控制车由两名操作员操作外，其他所有的装置都是自动化工作，将使用和维修人员数量降到最低；由于采取多种抗干扰措施，该系统具备很强的抗干扰能力。SAMP－T 防空系统反应迅速，从发现目标到发射导弹只需六秒钟，还可和其他探测设备（如光电装置）或情报系统相联，也被可纳入更高层次的防空网络中。

目前，SAMP－T 防空系统已装备法国空军和意大利陆军，其中法国空军装备 10 个连，意大利陆军装备 3 个连。生产商 MBDA 公司还计划在未来推出可拦截更远射程弹道导弹的“紫菀”Block2 型导弹。按照研制计划，“紫菀”Block2 型导弹将能拦截射程超过 3 000 千米的能机动飞行的战术弹道导弹，由于配备一个更长的助推器，导弹的拦截高度能够达到 70 千米，是当前导弹拦截高度的 3 倍。

军舰

直升机使用 ALMDS 的操作示意图

“扫海 X 光机”：
日本独有的扫雷母舰

文 — 毕晓普

多年来，日本海上自卫队被西方媒体吹捧为“扫雷能力最强海上力量”，在其现役舰艇中，英文缩写为“MST”的扫雷母舰几乎是该国独有舰种。那么这种“冷门”舰艇究竟有啥独到之处呢?

要解释 MST 的运用与定位，还得从传统扫雷舰艇的短板说起。首先，普通扫雷舰艇为了避免引爆水雷，往往采用木制或玻璃钢舰体，且排水量较小，吃水也不深。这些设计导致舰艇航速慢，适航性差，且粮食、淡水与燃料搭载量也极为有限。其次，扫雷是一件复杂而危险的工作，针对不同类型的水雷往往需要专门的扫雷工具，而中小型扫雷舰艇难以搭载名目繁多的扫雷装备。再次，如果在较远的水域实施扫雷行动，小型扫雷艇必须在其他大型舰艇的支援下，才能把操作人员和物资器材输送至作战地点。最后，随着直升机航空扫雷技术的实用化，扫雷艇需要为扫雷直升机提供勤务支持。能将上述需求全部或部分实现的产物，就是本文要介绍的扫雷母舰。

美国扫雷支援舰

说起日本的扫雷母舰，它与美国海军发展的扫雷支援舰（MCS）有着密不可分的关系。扫雷支援舰的概念早在二战中就出现了，不过正式的舰种分类却是 1953 年朝鲜战争结束后，因为美军吃了朝鲜人民军港口布雷作战的大亏，于是大力发展扫雷支援舰。

最初，美军只是抽调部分两栖舰艇（如坦克登陆舰或车辆登陆舰等）充当扫雷舰队旗舰兼支援平台。两栖登陆舰其实是较为理想的扫雷支援平台，它们虽然航速不快，但舰内舱室庞大，可吞吐相关的扫雷器材与物资，还能够搭载多艘扫雷艇，舰上枪炮也可为缺乏武备的扫雷舰艇提供掩护火力。

尽管是从现役舰种转用，外观也无多大变化，但纵览美国主要的海外军事行动中，都有两栖舰艇充当水面和航空扫雷部队母舰或旗舰的范例，其中最后一艘被正式变更舷号作为扫雷支援舰的美舰是 2004 年退役的硫磺岛级直升机登陆舰“仁川”号（MCS－12）。未来美军扫雷支援舰的角色则会由其他两栖攻击舰或濒海战斗舰、联合高速运输舰等充当。

早期扫雷母舰

日本也在二战末期吃够了水雷封锁的苦头，当时美军发起“饥饿作战”，用数万颗水雷困死日本列岛。战后，日本在美国占领军当局的要求下，自行展开对近岸水域的扫雷作业，这时就产生出发展扫雷母舰（母艇）的概念。1950 年朝鲜战争爆发，日本又在美国要求下秘密派遣扫雷艇奔赴朝鲜元山外海执行扫雷任务。1954 年日本海上自卫队成立后，以美国支援的大型登陆支援舰作为扫雷艇支援母船，日本称为“百合级”。

1955 年，日本造船厂向海上自卫队交付了战后首款国产舰艇——以“敷设舰”（ARC）名义建造的“津轻”号和敷设艇（AMC）“襟裳”号。服役初期的“津轻”号设有水雷、深水炸弹投放滑轨与发射器，兼具布雷任务，经过 1969—1970 年改装后才更偏重缆线敷设。吨位较小的“襟裳”号以二战日军布雷船为蓝本建造，具备水雷及深水炸弹投放滑轨等武备，同时也搭载扫雷工具，满足扫雷训练。1960 年，海上自卫队通过预算采购的方式，从美国引进郡级坦克登陆舰“汉密尔顿”号，改名为“早鞆”号，作为首艘大型扫雷母舰使用。

专用扫雷母舰

“早鞆”号毕竟是美国人用过的旧船，其舰体老化日趋严重，再加上航速过慢，日本在 1971 年建造了首艘专用扫雷母舰“早濑”号。该舰标准排水量 2 000 吨，满载排水量 3 000 吨，舰体全长 99 米，虽与“早鞆”号相去不远，但采用了平甲板军舰设计，4 台柴油机的总功率也达到了 6 400 马力，最大航速由“早鞆”号的 11 节提升至 18 节。

“早濑”号在舰艏甲板设有火控雷达控制的 76 毫米双联装舰炮，舰桥上层结构、桅杆与烟囱都集中在舰舯段，舰体后段有较大的飞行甲板，舰舯左右舷均设有三联装反潜鱼雷发射管，主桅装有与当时海上自卫队水面作战舰相同的 OPS－14 对空雷达与 OPS－12 对海雷达，并装有舰壳声呐，确保一定防空与反潜搜索能力。但为了降低建造成本，“早濑”号是以商船规格建造舾装的，内部则按照水雷战需要设置，包括扫雷部队的旗舰指挥舱室、扫雷用具与水雷库房，并可通过上层结构后方的起重臂进行搬运，此外也有针对小型扫雷舰艇的补给与维修设施，还有确保水下爆炸物处理人员出水后生理需要的减压舱。

为提高广阔水域的扫雷效率，“早濑”号主甲板后段采用全空设计，可搭载KV-107扫雷直升机，但受限于舰体大小，“早濑”号没法为KV-107提供机库。

“早濑”号虽未装备扫雷用的高性能探测设备，本身也无法从事扫雷，但几乎可支援水雷攻防作战的所有舰艇。

现代扫雷母舰

通过“早濑”号的使用，日本海上自卫队丰富了远海扫雷作业的经验。1995年，日本海上自卫队向国内造船厂订购了新一代浦贺级扫雷母舰，首艘“浦贺”号于1997年服役，第二艘“丰后”号于1998年服役。浦贺级的标准排水量为5 650吨，满载排水量达8 400吨，舰体全长141米，并采用柱状封闭主桅，双轴推进，最大航速达22节，舰艇操作与轮机全面自动化，编制舰员减少到160名。

就支援扫雷作战而言，浦贺级舰内有燃料、淡水、粮食与零部件库存，以及扫雷电缆吞吐轮架与各式扫雷工具储存库房。由于干舷甲板较高，舰体中央的第二甲板设有舱口，可供靠港吞吐，主甲板两舷都有淡水、油料管线，扫雷舰艇主要以靠接方式接受补给，并通过机库门两侧的8吨起重臂将物资与器材搬入扫雷舰艇。为维持补给作业时的舰体稳定，浦贺级设有船艏侧向推进器与可变距螺旋桨，提高低速航行时的可操作性。舰体后半段的上层结构主要作为机库，舰艉处设有较大的飞行甲板，可起降并容纳一架MH-53E扫雷直升机。舰艉中央的大型跳板式舱门放下后具有一定坡度，主要作为磁力或音响航空扫雷工具的施放口，也能供爆炸物处理人员与小艇出入。

在布雷任务上，浦贺级从舰体中部到舰艉两侧区域都设置了储存训练及实战用水雷的库房，采用自动化水雷搬运与投放装置，并通过舰艉两侧的4个舱门投放，每个舱门内有3条投放滑轨，布雷效率远非小型舰艇可比。

浦贺级服役后不久，就碰上2000年海上自卫队编制大调整，第1、2扫海队群整编为一个扫海队群，“浦贺”号与“丰后”号成为扫海队群直属舰。除了平时的扫雷训练，由于具备水下作业支援与较大的物资容纳空间，两舰近年来在救灾和反恐行动上也颇为活跃。

越南海军主力“闪电级”导弹艇

越南海军主力：“毒蜘蛛”和“闪电”

文｜萧萧

拜经济发展所赐，越南过去十余年间在军事现代化方面投入了大量资源，从俄罗斯购入许多重型战机、柴电潜艇、轻型护卫舰、大型导弹艇、远程岸基反舰导弹等武器，其中大型导弹艇业已成为越南海军主力。

越南虽有漫长的海岸线，但军事发展长期以陆军为主，仅拥有小规模的近岸黄水海军。越南海军总兵力超过四万人，主要兵力为水面舰队、潜艇部队、海军陆战队、岸防部队与极少量海军航空兵，战斗力以海军陆战队较强，但主力的水面舰队近年来成长迅速，目前主战舰艇是七艘轻型护卫舰、数十艘导弹艇和巡逻艇。

从上述兵力状况可以看出，越南海军实力在周边各国中并不突出，然而针对近年来日趋激烈的南海争端，越南却将其触角伸展到相关水域，值得注意。

“毒蜘蛛”级导弹艇

由于现代化护卫舰数量有限，越南海军基本以导弹艇作为骨干突击力量，早年苏联援助的“黄蜂”级轻型导弹艇虽仍然在役，但性能已然过时。目前，越南海军经常投放到南海的兵力主要是十余艘新购的俄制大型导弹艇，其中六艘“毒蜘蛛”级是露面最多的舰艇。

“毒蜘蛛”级（设计单位序列号为“1241 工程”）是苏联时代设计的一种近岸近海用大型导弹艇，于 20 世纪 70 年代末问世，初期主要用于近岸防御作战，但随着舰上武器和电子装备不断强化，功能逐渐拓展为海上巡逻、护渔、护航、封锁敌方港口、攻击敌方近岸目标等。“毒蜘蛛”级曾装备苏联海军百余艘，目前俄海军仍沿用其中 20 余艘，它们不仅在每年的俄罗斯海军节庆典上表现活跃，也经常担负日常战备演习任务。日本自卫队巡逻机抓拍的俄太平洋舰队出巡舰艇照片中，曝光最多的就是“毒蜘蛛”级。

自问世以来，“毒蜘蛛”级不断获得改进，可大致分为 I 型（1241.RE 型）、Ⅱ型（1241.1 型）、Ⅲ型（1241.1M 型）、Ⅳ型（1241.1MR 型）等四款，四种型号的外观和排水量变动不大，主要是武器、传感器、动力系统有所不同。在动力方面，前两型（I 型和Ⅱ型）采用全燃气轮机推进，装有 2 台巡航用 DR－76 型辅机和 2 台高速航行用 DR－77 主机，最大输出功率分别是 3 670 千瓦和 1.11 万千瓦，最高航速可达 36 节。Ⅲ型和Ⅳ型改用更经济的柴燃联合推进，巡航时使用 2 台 SM504 型柴油机，耗油比 DR－76 少，输出功率可达 5 800 千瓦，与 DR－77 同时使用时，最高航速可达 40 节。

越南选择的就是Ⅲ型“毒蜘蛛”导弹艇，配备舰炮和反舰导弹。其中舰炮有两种：一种是装在舰艏的 AK－176M 型高平两用快炮，既能防空，又能对海对岸射击，最大射程 17 千米，最高持续射速每分钟 70 发；另一种是 AK－630M 六管 30 毫米口径机关炮，它具有体积小、可靠性高、反应快等优点。配备的反舰导弹是 P－15 导弹，在舰身两侧各装有一座双联装圆形发射器，该导弹最大射程约 50 千米，最高速度 0.9 马赫，在飞行末段能以掠海高度实施攻击，加上装有大威力聚能穿甲弹头，对水面舰艇的破坏力较大。

“毒蜘蛛”级的雷达与电子设备主要有：主桅顶部的一具对海搜索与攻击雷达，可对舰载反舰导弹进行目标搜索和指示，对驱逐舰的最大探测距离约 100 千米；一具 MR－123 型火控雷达，对 AK－176M 舰炮和 AK－630M 机关炮实施引导；一具航海雷达和其他的导航、通信、敌我识别等装置。

“闪电”级导弹艇

由于“毒蜘蛛”级的外形和作战环境设计都极具俄罗斯风格，越南人在使用过程中也提出不少意见，于是俄罗斯金刚石设计局按照越南的要求，于 1999 年拿出能满足热带海域使用需求的“1241.8 工程”，即“闪电”级导弹艇。越南很快接受了“闪电”级，向俄罗斯采购了 2 艘，并在获得金刚石设计局授权后，在越南的胡志明市造船厂自行建造 10 艘。

“闪电”级的外观与“毒蜘蛛”级类似，二者的排水量、外形尺寸、电子装备都差不多，但反舰攻击火力和电子战能力都获得大幅强化。据称，“闪电”级的部分上层结构以隐身材料包覆，传感器和通信系统也经过特殊处理，降低了动力系统的运转噪音与废气排放，从而减少全艇的雷达反射信号、电磁信号、声音特征与红外信号，提高了整体隐蔽性。此外，“闪电”级的动力系统改用功率更大的燃气轮机，总功率达到 3.2 万马力，最高航速约 38 节。

“闪电”级的武器系统除了在舰炮方面保持与“毒蜘蛛”级一样外，其他武备都有显著提升。在反舰方面，“闪电”级配备有 16 枚 Kh－35“乌兰－E”反舰导弹，最大射程约 130 千米。在防空方面，闪电级采用“针－1M”舰空导弹发射系统，装有 12 枚近程红外制导导弹，可对低飞的巡逻机或直升机构成威胁。

从上述基本性能来看，越南海军的“毒蜘蛛”级导弹艇和“闪电”级导弹艇均以突出反舰性能为主，在防空方面仅具备有限的自卫能力，因此，它们作战时都很难脱离陆基空军和岸基导弹的保护范围。如果面对优势水面舰队，只能构成一定的威慑，比较适合“海上游击战”。

22350 型护卫舰电脑模拟图

俄 22350 型 多用途护卫舰

文 — 毕晓普

22350 型护卫舰是俄罗斯自行建造的第一款通用型远洋战舰，被俄海军誉为“圣安德烈旗下的骄傲”，但一些俄海军军官却不看好其实战能力，认为它大量采用碳纤维复合材料会导致舰体强度不足。而一位负责监造该型舰的海军代表则表示，22350 型护卫舰所使用的碳纤维复合材料的强度并不弱，甚至符合航天级应用标准。那么，这种新型护卫舰究竟性能如何呢？

妥协产物

在苏联海军中，水面舰艇的中坚力量是巡洋舰和驱逐舰，吨位较小的护卫舰只是“辅助兵力”。然而，苏联突然解体使海军遭到致命打击。只有一些舰龄较短、性能较好的舰只被编入俄罗斯海军，其他舰艇要么封存，要么拆毁。

普京当政之后，俄罗斯的经济形势逐渐好转，重振海军就被提上议事日程。起初，俄海军保守派主张继续发展大型水面舰艇。但改革派则认为俄罗斯已经弱化为事实上的区域性大国，海军的主要任务是“看紧自家后院”，大型舰艇的作用有限。最终保守派和改革派达成妥协，即继续保持海基战略核力量，以发展战略核潜艇和潜射战略导弹为优先任务；水面舰艇先顾近海，再顾远洋。22350 型护卫舰就是这一思想的产物。

2003 年 7 月，俄海军提出 22350 型护卫舰的主要要求，并交由北方设计局进行设计。关于该型舰艇的排水量有 4 500 吨、5 000 吨、8 000 吨等多种说法，大多数人倾向于接受俄《军事检阅》杂志给出 4 500 吨（满载）。这主要是因为俄罗斯在 2010 年的欧洲海军装备展上展示了 22350 型护卫舰的出口型——22356 型，明确指出其满载排水量为 4 550 吨。

2006 年 2 月，22350 型护卫舰首舰在北方造船厂开工，预算造价 3.2 亿～4 亿美元。俄海军将该舰命名为“戈尔什科夫海军元帅”号。22350 型护卫舰的二号舰于 2009 年 11 月在北方造船厂开工，被命名为“卡萨托诺夫海军元帅”号。这两艘护卫舰完工后都将交付黑海舰队。

基本结构

据俄《军事检阅》杂志报道，22350 型护卫舰的主要参数为：舰长 130 米，宽 16 米，吃水 4.5 米，最大航速 30 节，续航力 4 000 海里（航速 14 节），自持力 15 天。舰体采用低磁性高强度钢建造，并在动力舱和弹药舱等重要部分设有复合材料装甲。

为减小雷达反射面积，22350 型护卫舰的上层建筑明显内倾，并采用“金字塔”形全封闭式桅杆，舰上的救生艇、鱼雷发射管和其他外露物也用舷墙遮挡。该型舰的红外隐身和声隐身措施未见详细介绍，有资料称采用与西方舰艇相似的技术。

动力系统

22350型护卫舰的驱动形式为双轴双桨驱动和单舵。舰上电力由4台功率为1.5兆瓦的WCM－1000发电机组和1台功率1.2兆瓦的交流发电机提供。

关于该型舰的动力系统有多种说法。其一是全燃联合系统，加速燃气轮机采用2台DT－59.1，巡航燃气轮机为2台DS－71－2；其二是柴燃联合系统，其中燃气轮机为2台土星公司的M90ΦP，2台柴油机型号未知。从技术成熟度看，采用全燃联合系统的可能性较大，因为DT－59.1与DS－71－2的组合在出口给印度的“塔尔瓦尔”级护卫舰上已得到验证。

武器系统

为了执行多种任务，22350型护卫舰装备有多种武器系统。

其舰首装有1座新型A－192－5P－10型130毫米单管全自动舰炮，炮塔采用多面体隐身设计。该炮对海射击的射程为23千米，对空射击的射高为18千米，射速30发/分钟。近来又有消息称，该型舰炮还能发射增程制导炮弹，射程超过100千米。

舰炮后方是28单元导弹垂直发射系统，外界分析它将装填金刚石－安泰科研生产联合体开发的9M96E舰空导弹（射程为1～40千米，射高5～20 000米，速度3马赫），是该舰的主要防空武器。2座“栗树”弹炮综合系统布置在直升机库后上方两侧凹下的舷台上，作为辅助防空武器。

舰空导弹垂直发射装置后方是16单元UKSK垂直发射装置，用于反舰作战和攻陆作战。据分析可能装填的导弹有三种型号：“缟玛瑙”“神剑”及“布拉莫斯”。这些导弹的共同特点是重量大（超过1吨）、飞行速度快（2.5马赫）、射程远（约300千米）、威力大（战斗部重达200千克）。至于具体选择哪种型号，目前未见确切报道。

22350型护卫舰的主要反潜武器是舰载卡－27直升机，可携带RPK－9“蝼蛄－VE”反潜导弹和533毫米鱼雷，作战范围200千米。此外，该型直升机还可为舰载远程反舰导弹提供中继制导。2座双联DTA－53－11356型533毫米鱼雷发射管布置在靠近直升机库的船舷两侧，可发射SET－65E、53－65KE等重型反舰/反潜两用鱼雷。

电子系统

作为俄海军未来极其倚重的一型水面舰艇，22350型护卫舰将装备俄罗斯近些年来开发的最新电子成果，特别是其将采用的四面阵式相控阵雷达已成为外界关注的焦点。不过，俄罗斯海军对该雷达讳莫如深，就连具体型号也从未向外公布。

由于主动阵列相控阵雷达的探测距离通常较近，22350型护卫舰在主桅顶部布置了一座远程三坐标对空/对海雷达。从展示的模型来看，这将是一种全新的雷达。

舰桥上方的天线罩内装有“矿物”对海搜索雷达，可提供超地平线目标探测能力，并可担负远程反舰导弹与本舰之间的通信中继任务。“矿物”雷达后方是与舰炮配套的火控系统，其雷达作用距离约60千米。

舰载声呐系统包括安装在舰首下方整流罩内的Zarya－ME－03中频主/被动数字式舰壳声呐和安装在舰尾的Vignette－EM主/被动拖曳线列阵声呐。

其他舰载电子设备还包括电子战系统，卫星导航设备，导航雷达，卫星通信设备，高频、甚高频通信设备，战术数据链等。

理性选择

作为俄海军新一代中型水面舰艇，22350型多用途护卫舰有其独到之处，但其总体设计仍较落后，在隐身设计、信息化自动化和电子战系统等方面均逊色于西方同类舰艇，而且由于排水量较小，不利于执行远洋任务。尽管俄海军声称22350型护卫舰可进行远洋作战，但该型护卫舰实际上仍以近海活动为主。

“仁川”级护卫舰电脑模拟图

重剑轻骑：
韩国“仁川”级导弹护卫舰

文｜安然

轻型护卫舰在大国海军眼里不过是个“偏师”，但在韩国海军看来，“偏师”也要当“主力”用。据韩国《国防时代》报道，2014 年 8 月 21 日下水的“江原”号导弹护卫舰是能够遂行防空、反潜、反舰的“多面手”，在韩国海军中担当主力。

近海防御主力

据韩国媒体报道，由 STX 海洋造船公司建造的“江原”号（舷号 815）是韩国自行设计的“仁川”级护卫舰的第四艘。据介绍，韩国海军早在 1998 年 10 月就正式提出了研制“仁川”级护卫舰的需求。2001 年 7 月，“仁川”级护卫舰进入初步概念设计阶段。次年，韩国国防采办项目局对外公布这项“仁川”级护卫舰的建造计划，计划耗资 18 亿美元，经竞标后由韩国国内多家船企瓜分订单。

“仁川”级护卫舰的设计初衷是充当 21 世纪韩国海军近海防御的主力，以反水面作战、近岸巡逻为主要任务，也能编入以独岛级两栖突击舰为核心的大洋舰队，执行周边警戒任务，具备较强的自持力与远航能力。具体到“江原”号，它在舾装和军方验收测试结束后，可能编入韩国海军第一舰队，替换老旧的东海级和浦项级护卫舰，负责日本海方向的巡逻和战备值班。

“自主国防”代表

从外观来看，“江原”号采用韩国海军偏爱的平甲板、长桥楼造型，舰体长约 114 米，宽约 14 米，标准排水量 2 300 吨，满载排水量约 3 500 吨，巡航速度 18 节（33.3 千米 / 小时），最高航速 30 节（55.5 千米 / 小时），舰员编制 145 人。

“江原”号被认为是韩国造船工业近 30 年“奋起精进”的代表作。由于 STX 造船公司在舰体设计时大量运用计算机辅助设计，全舰管线及电路整体布局得到优化，舰内有限空间得到充分利用。而欧洲流体力学专业机构的协助则使得该型护卫舰的航行阻力大大降低。

该舰主要设备的国产化率超过 90%，特别是该舰的武器系统以国产为主，例如作为对海作战主力武器的反舰导弹就采用了韩国企业研制的“海星”导弹，它被韩国媒体形容为“国防自主”事业的明星。

该型护卫舰的隐身设计也是亮点之一。其舰体侧舷的折线由舰艏开始，折线以上到船楼向内倾斜，主要武器都隐藏在舰体内部。此外，舰体上还涂敷了新型吸波材料，可大幅降低反射的雷达信号，使敌方的探测系统难以发现。

此外，该型舰的最大优势是高速巡航性能。它采用“柴-燃联合”动力系统，主机为 2 台燃气轮机和 2 台柴油机，最大航速超过 30 节，以 18 节航速巡航时可连续航行 4 500 海里。由于该型舰的吨位较小，为了提高适航性，采用了小型球鼻舰艏设计和适合高速航行的流线形舰体，能有效降低航行阻力，提高巡航效率。

小船重炮主义

作为标准排水量仅 2 300 吨的轻型舰艇，“江原”号的武备堪称“饱和”，被外界形容为“小船重炮主义”。

该型舰的前甲板装有 1 门美制 MK45 Mod4 型 127 毫米口径舰炮（通常配备大型驱逐舰），可以发射增程制导炮弹，射程约 30 千米，命中精度为 10 米。韩国也因此成为除美国之外第二个装备这种舰炮的国家。美国提供的“海拉姆”舰空导弹为该型舰提供了近程防空能力，可对抵近至 10 千米的空中目标实施“绝杀”。

该舰最主要的反舰武器是韩国自行研制的“海星”反舰导弹，它全长 5 米（含助推器），弹径 350 毫米，重约 660 千克，最大射程 150 千米，巡航速度 0.85 马赫。“海星”反舰导弹的飞行高度不超过 60 米，在飞行末段能以 0.95 马赫的速度进行大过载机动冲刺，有较强的突防能力。有消息称，该型导弹的最大特色是可以预编程，弹体内的记忆装置能预存 200 个导航点。该型导弹还有可攻击陆地纵深目标的衍生型号，堪称韩国海军的“杀手锏”。

该型护卫舰的尾部有直升机起降平台和机库，可装载 1 架“超山猫”轻型直升机。“超山猫”轻型直升机能独立完成目标搜索和监视、跟踪、反潜、布雷、垂直补给和海上救援等多种任务，可挂载反潜鱼雷或深水炸弹执行超视距反潜任务，并能与其他武器平台协同作战。

据称，“江原”号护卫舰的作战指挥管理系统由韩国三星与法国泰利斯联合开发的，其软件用 Ada 语言（美国国防部开发的一种计算机编程语言）编写，程序超过 100 万行，可在多台分布式通用控制台上显示战术信息（由多路光纤系统连接）。该系统可以为航空飞行、海上作战及两栖作战提供完整的指挥控制服务，并对舰艇的防空作战系统实施全面监控。

不过，也有专家指出，韩国海军坚持在 2 000 吨级的轻型护卫舰上部署大量武器，难免让这型舰艇有些“消化不良”。按照以往经验，在吨位较小的军舰上安装太多武器系统，有可能导致相互干扰，影响性能发挥，正应了一句俗语：“想要样样精，结果样样差。”从这个意义上讲，“仁川”级护卫舰的战力尚难定论。

日本“秋月”级导弹驱逐舰

日本“秋月”级
导弹驱逐舰

文｜萧萧

2012 年 8 月，由日本三井造船株式会社为海上自卫队建造的第四艘“秋月”级导弹驱逐舰下水。这标志着日本已拥有当时全亚洲实力最强的导弹驱逐舰队。

据公开资料显示，“秋月”级驱逐舰标准排水量约为 5 100 吨，满载排水量为 6 800 吨，长 151 米，宽 18.3 米，吃水 5.4 米。该舰装载有 4 台 LM2500“斯贝”SM－1C 燃气轮机，输出功率为 64 000 马力，最大航速可达每小时 30 节。该舰装备 ATECS 型先进技术作战指挥系统，包括 1 部相控阵雷达、高速数据处理系统和舰载作战系统。其中，作战系统集成了 OYQ－11 型先进作战指挥系统、FCS－3A 型雷达系统、OQQ－22 型综合反潜系统和 NOLQ－3D 型电子战控制系统等。其中的 FCS－3A 是日本国产防空雷达系统，包括两个主要组件：一是双波段和多模式雷达系统，二是火控系统。OYQ－11 型先进作战指挥子系统首次采用分布式计算体系结构，配备 AN/UYQ－70 工作站和 16 号数据链，能够接收并处理来自各种武器系统的信息，使全舰武器系统能协同实施防空、反舰、反潜及电子战。

此外，该级舰还装备了日本海上自卫队舰艇常规装备的海上作战部队系统（属于 C4I 系统），该系统可通过卫星通信终端与海上自卫队的其他舰艇协同作战。

防空系统

“秋月”级驱逐舰装备 1 部 FCS－3A 型有源相控阵雷达，工作于 C 波段，是引入了区域防空能力的 FCS－3 型雷达的改进型。该雷达安装方式与美制“宙斯盾”系统相同，采用四天线阵面，安装在舰艇的上层建筑上，可以对周围进行全向覆盖，具备对抗饱和攻击的能力。FCS－3 的天线阵面大小为 1.6 米 ×1.6 米，其中包含 1 600 个信号发送 / 接收模块，雷达的最大探测距离可达 200 千米，能同时跟踪 300 个目标。从这些指标来看，FCS－3 天线的阵元数量大约相当于 OPS－24（日本 20 世纪 80 年代末研制的有源相控阵雷达）的一半，因此其重量必然小于 OPS－24，从而可以装备到较高的地方（在维持重心高度的情况下），扩大侦测范围和舰空导弹的拦截范围。

事实上，美制“宙斯盾”系统虽然强大，但也有弱点，即低空、超低空侦测能力不足。这是因为相控阵天线重量较重，“宙斯盾”雷达的天线重量超过 5 吨，如果安装在舰艇较高的地方会导致舰艇重心过高，影响舰艇的适航性，而雷达的探测距离和天线高度、目标高度成正比，因此，“宙斯盾”系统对低空目标的探测距离十分有限。据有关资料显示，美国海军“阿利 · 伯克”级驱逐舰对于距水面 5 米处飞行的反舰导弹探测距离不足 30 千米。此外，美军舰艇配备的“标准－2”舰空导弹重量较大，在拦截目标时需要爬升到较高的高度才能积累足够的能量，以便保持高机动性能，这就导致最小拦截距离被增大，在拦截高速反舰导弹时非常不利。日本研制的 FCS－3A 型相控阵雷达有助于改善这些状况。

“秋月”级驱逐舰装备 1 座 32 单元 MK41 型导弹垂直发射系统，可发射“改进型海麻雀”舰空导弹，备弹 64 枚。该型导弹采用的是“指令 + 中继惯

导 + 末段半主动雷达”的复合制导方式，由于 FCS－3A 工作在 C 波段，不能提供末段雷达照射，“秋月”级驱逐舰增加一个 X 波段雷达阵面。FCS－3A 有源相控阵雷达和“改进型海麻雀”的组合，使得“秋月”级驱逐舰具备既能“单舰防空”，又能参与“舰队防空”，为僚舰提供防护。该舰还装备 2 座 20 毫米口径的“密集阵”近防系统，可拦截近程导弹、火箭弹和低空飞行的固定翼飞机。

反舰系统

“秋月”级驱逐舰装备 1 部 OPS－20C 型对海搜索雷达和 2 座四联装 90 式（SSM－1B）反舰导弹发射装置。90 式反舰导弹发射装置是 88 式（SSM－1）发射装置的舰用型，导弹长 5.1 米，直径 0.35 米，发射重量 660 千克，装备高爆穿透弹头，采用“惯性 + 雷达 + 末端红外成像”制导方式，有效射程 150～200 千米。90 式反舰导弹是日本自行研制的第二代舰对舰导弹，舰上备弹 8 枚，外形与美制“鱼叉”反舰导弹相似，具备扇面发射能力，可对 20 千米处的水面目标进行锁定，导弹巡航时的飞行高度为 30 米，在接近目标前会下降到 5～6 米，在距离目标 3 千米时先突然跃升再俯冲攻击。

“秋月”级驱逐舰还装备 1 门 MK45 型 127 毫米口径舰炮，该炮射速每分钟 16～20 发，射程 24 千米。

反潜系统

“秋月”级驱逐舰装备由舰壳声呐和 OQR－3 拖曳阵列声呐组成的 OQQ－22 型综合反潜系统，以及由 16 个发射单元组成的 MK41 型垂直发射装置，可发射 RUM－139 和 TYPE－7 型“阿斯洛克”导弹。RUM－139 反潜火箭可分别携带 MK45－V、MK50 鱼雷和核深弹 3 种不同反潜武器。“阿斯洛克”导弹采用固体火箭推进，战斗部是 MK46Mod5 型反潜鱼雷，射程 20 千米，可攻击水下 40～1 000 米的潜艇。

“秋月”级驱逐舰还装备 2 座 97 式可旋转三联装 324 毫米口径鱼雷发射管，可发射 MK46Mod5 型反潜鱼雷和 73 式轻型反潜鱼雷，鱼雷射程约 11 千米。

此外，“秋月”级驱逐舰搭载的 SH-60K 型直升机也是反潜利器，该直升机执行反潜任务时，通常携带 2 枚 97 式反潜鱼雷或 MK64 型深水炸弹，97 式反潜鱼雷采用双航速航行（低航速搜索 / 高航速攻击），配备威力较大的成形装药弹头，不但可攻击高速目标和深潜目标，还增强了在浅水区对付潜艇的能力。

日本建造“秋月”级导弹驱逐舰，名义上是为了替换已服役 20 余年的“初雪”级驱逐舰，实际上是为了满足新一轮舰队编制调整的需求，提升“八八舰队”的综合作战能力，提升在没有岸基飞机掩护的情况下，执行远洋作战的能力。

近年来，日本与周边国家在相关岛屿上的摩擦不断升级，在其财政吃紧的情况下，依然拨巨款建造大型军舰，试图强化其海上控制力，以确保其所谓的“海洋大国”地位，却屡屡对中国的国防建设说三道四。中国国防部发言人强调指出，日本大力发展军备，加强西南诸岛军事部署，在与邻国的主权争端问题上频频制造地区紧张局势，已经引起包括中国在内的亚太各国的高度关注和担忧。希望日方以史为鉴、谨言慎行，恪守走和平发展道路的承诺，反省自己的军事安全政策，提高军力发展的透明度，多做有利于增进与邻国互信、有利于地区和平稳定的事情。

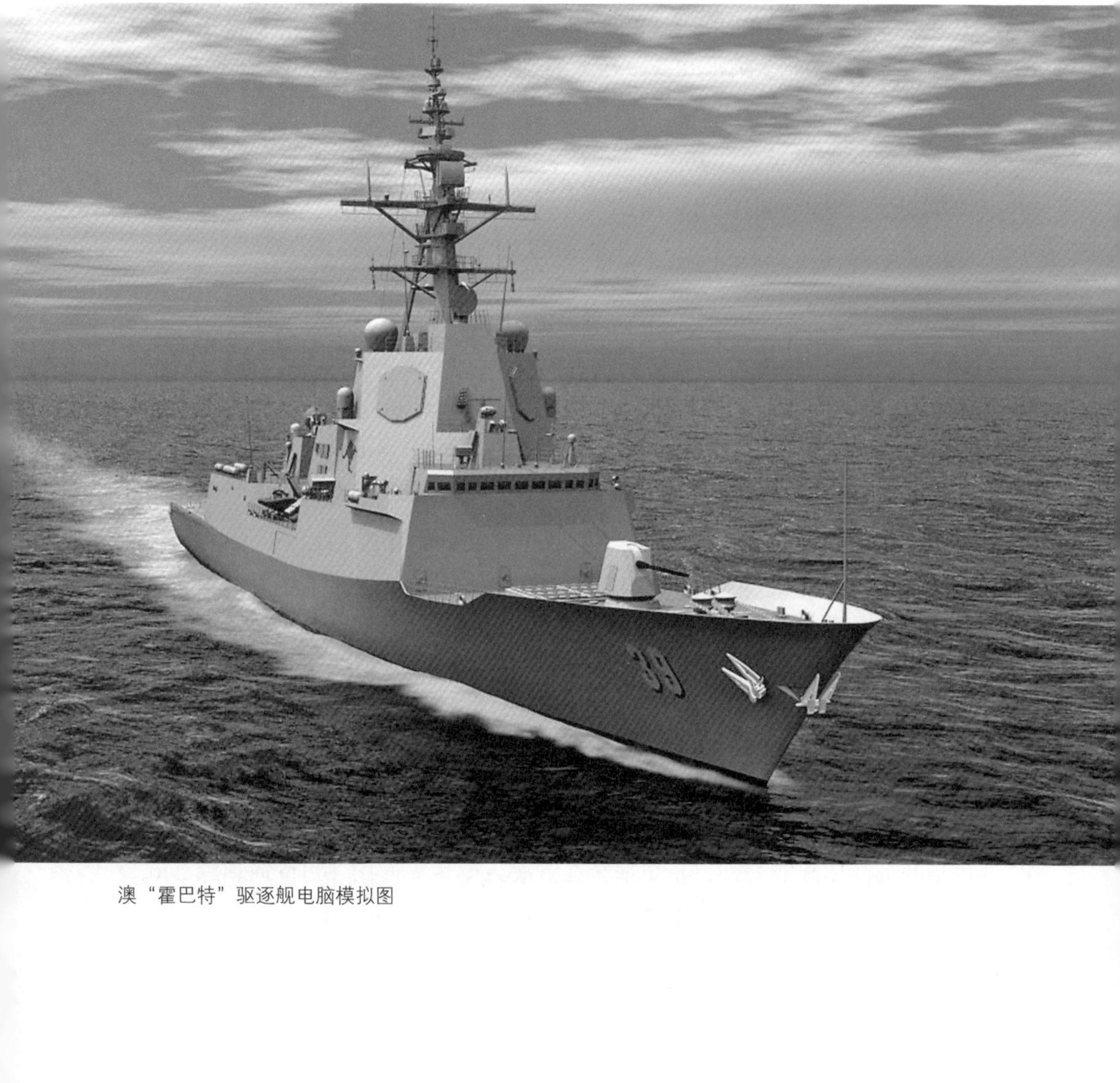

澳“霍巴特”驱逐舰电脑模拟图

澳“霍巴特”级
宙斯盾驱逐舰

文｜田剑威

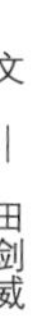

自从 2001 年最后一艘珀斯级驱逐舰退役后，亚太大国澳大利亚的海上作战力量便由 6 艘阿德莱德级与 10 艘安扎克级护卫舰来支撑。但这两款护卫舰因吨位限制，远洋作战能力非常有限，难以满足澳军同时在太平洋和印度洋上保持军事存在的需求，尤其近年来澳大利亚经常配合美国进行海外军事行动，其海军能力的短板更加突出。因此本文的主角——“霍巴特”级宙斯盾驱逐舰便登场了。

加强防空能力

为及早填补战力空隙，澳大利亚国防部 2003 年实施代号“海洋－4000”的海军现代化方案，其中明确要斥资 71.79 亿澳元采购三艘 7 000 吨级的“霍巴特”级防空驱逐舰，即所谓的“AWD 专案”，分成五个阶段进行。据澳大利亚国防部披露，“霍巴特”级的舰员编制约 180 人，该级舰采用美国宙斯盾作战系统的“基线 7.1”版本——美国向其盟友提供的最高版本。有知情者透露，美国愿意向澳大利亚提供高版本宙斯盾系统，实质上是在推动其亚太导弹防御系统的建设。

据悉，“基线 7.1”版的宙斯盾系统以全新的 AN/SPY－1D（V）数字化相控阵雷达为核心，该雷达也被称“濒海作战雷达”，除保留原先 AN/SPY－1 系列雷达的远洋作战能力外，它更适合在濒海近岸环境使用，可同时追踪 200 个目标，对更快、更小、掠海飞行的巡航导弹的探测与追踪能力大大增强，同时具备探测和拦截战术弹道导弹的能力。更重要的是，该雷达可兼容美国“改进型海麻雀点防空导弹”和“标准－2”区域防空导弹，使得两型导弹能在同一艘舰上使用，从而增加作战弹性与选择。虽然澳大利亚国防部暂时没有考虑为 AN/SPY－1D（V）雷达加入探测弹道导弹的功能，但未来一旦作战需要，加装与升级会非常方便。事实上，“基线 7.1”版宙斯盾大量采用商用硬件，升级方便、功能扩展灵活，能够集成任何一个作战分系统，因此颇对澳海军“少花钱，多办事”的胃口。至于舰船作战系统，澳大利亚人则采用了美国 AN/UYQ－70 先进综合显示系统，该系统不但能处理战场信息，还能为作战指挥提供多种辅助功能。

西班牙人负责造船

按照以往美国对外军售的惯例，既然买家选择了宙斯盾系统，那么向美国军火商采购舰体或者至少是购买舰体生产蓝图几乎是顺理成章的事情。可是澳大利亚人却不吃这一套，由于认为美国造船成本太高，且美国公司的造船业务排得太满，澳大利亚国防部决定另寻卖家。经过一番斟酌，堪培拉最终决定选择西班牙纳凡蒂亚公司负责船体建造。

澳大利亚国防安全委员会认为，西班牙是以自用的 F-100 型宙斯盾护卫舰为蓝本，放大建造“霍巴特”级驱逐舰的基本舰体，尽管并非所有技术指标都符合美军宙斯盾舰的要求，但其关键性能数据完全能满足澳军需求。更重要的是，购买三艘西班牙舰的费用比买美国同类军舰便宜 10.7 亿澳元，且能提前交货。

需要强调的是，处于经济危机中的西班牙急于获得澳大利亚的订单，因此在“霍巴特”级驱逐舰建造之初，西班牙就邀请澳大利亚军方和企业参与其中，将澳海军的设计意图乃至作战要求融入建造过程，把工程集成的风险降到最低。据悉，“霍巴特”级驱逐舰的舰体被分成 31 个功能模块，分别由纳凡蒂亚公司建造完成后，通过船运送到澳大利亚潜艇公司位于奥斯本的造船厂进行组合。

舰载武器不含糊

在武备方面，澳大利亚首次为“霍巴特”级引进 8 组共 48 单元的美国 MK41 导弹垂直发射系统，为了兼容不同的舰空导弹，它被设计成两种模块——战术型与自卫型，它们的长度与重量不同。具体来说，在远程打击武器方面，澳海军准备为该舰装备美制 BGM-109“战斧”巡航导弹（射程超过 2 000 千米），能对敌方内陆腹地实施攻击，而且该导弹可在发射后调整攻击路线，攻击新的目标。在防空方面，“霍巴特”级主要依靠美制“标准-2”舰空导弹。该导弹射程 74～170 千米，最大射高超过 24 千米，飞行速度 3.5 倍音速，不仅能执行远程防空任务，还能对近距离的掠海导弹进行“撞击”拦截，甚至在必要时当作反舰导弹使用。

从建造示意图看，“霍巴特”级舰体中部还安装有 2 座 4 管 MK141 反舰导弹发射管，装填 8 枚 RGM－84L Block 2 型鱼叉反舰导弹（射程 278 千米）。该舰主炮为英国 BAE 系统公司出品的 MK45 Mod4 式 127 毫米口径舰炮，它配备隐身炮塔，可使用多种改进型弹药。在“霍巴特”级的后烟囱两舷侧还设有 MK32 Mod 9 鱼雷发射管，可发射欧洲鱼雷公司开发的 MU90 反潜鱼雷。

“霍巴特”级的直升机库可装载一架 MH－60R 直升机，执行反舰与反潜任务。澳大利亚曾规划以欧洲虎式攻击直升机随舰部署，以便执行登陆作战。

据悉，澳海军将这三艘宙斯盾舰命名为“霍巴特”号（DDGH－39）、“布里斯班”号（DDGH－41）和“悉尼”号（DDGH－42）。

DDG-1000 驱逐舰

DDG-1000：
美国海军史上最昂贵驱逐舰

2013 年 10 月 28 日，美国海军史上最昂贵的驱逐舰——DDG-1000 型驱逐舰首舰“朱姆沃尔特”号在船厂下水。美国媒体给予这种造价高达 38 亿美元的战舰很高评价，称其相当于“一战中的战列舰，二战中的航母”。不过，在美国海军作战部长格林纳特看来，DDG-1000 并不是合适的采购对象。用他的话说，在财政紧缩的“艰难时代”，“要卡车，不要豪华轿车”才是理性的军事消费，而 DDG-1000 无疑是不符合主旋律的“豪车”。另外，这种战舰的实际战力究竟如何，仍有待观察。

富裕时代的“明星”

DDG－1000是一款多功能近海攻击舰与宙斯盾防御舰，也是迄今为止美国海军建造的最大驱逐舰，舰长约200米，排水量近1.5万吨。虽然该型舰的体积和重量超过了所有美军现役驱逐舰，但由于大量使用自动化系统，其所需船员仅140人，约为现役驱逐舰的一半。

在2008年经济危机爆发前，财大气粗的美国海军对DDG－1000寄予厚望，将其威力吹得神乎其神，声称该舰将作为美国海军震慑亚太的“撒手锏”。时任美国参谋长联席会议主席的马伦海军上将表示，这种驱逐舰十分符合美国的新重点，即强化在太平洋地区的实力，应对正在崛起的地区大国。美国海军声称，集成大量新技术的“朱姆沃尔特”号能击败“区域拒止/反介入”行为，在遭到敌方封锁的区域展开行动。然而，随着军费压缩，美国海军先是把该舰的建造数量由32艘缩减至7艘，如今更是减为3艘。

据报道，美国海军咬牙坚持买下的3艘DDG－1000由巴斯钢铁厂建造船体，由亨廷顿·英戈尔斯公司建造上层结构和其他部件，雷锡恩公司负责战斗系统、电力系统和探测系统，英国BAE公司负责火炮系统和MK57垂直导弹发射系统。

有美海军官员强调，DDG－1000型驱逐舰可以改变未来海战的格局，“即便现在价钱有点贵，但将来随着生产规模扩大，建造成本会显著降低”，说白了就是希望公众不要被现在的高昂造价吓跑。

新技术的“大杂烩”？

既然说到DDG－1000能改变“海战格局”，那其中有什么说道呢？根据设计，DDG－1000的满载排水量约14 500吨，是美军现役主力伯克级驱逐舰的1.5倍，但它仍体现速度快、反应快、威力大、隐身性能好的特点，不但能遂行防空战、反水面战、反潜战等几乎所有海战任务，而且对陆地目标也有强大的攻击能力。通过集成电力驱动装置和集成电力系统，该舰还是美国海军首个实现“全电气化”的武器平台。

尽管有关DDG－1000驱逐舰的细节尚属保密中，但据说其新的声学、红外、雷达截面、磁等性能指标将使敌武器难以发挥效能。美国《探索》频道提到这样一个细节，堪称“海上巨兽”的DDG－1000，其雷达反射截面只相当于一条小渔船，而它噪音则比洛杉矶级潜艇还低。

目前的DDG－1000型驱逐舰装备2门155毫米口径先进舰炮，可在30分钟内发射600发卫星制导远程炮弹，精确打击陆上目标。舰上安装的MK57通用化导弹垂直发射系统拥有80个导弹发射管，能发射多种型号的精确制导武器，如超远程巡航导弹、高速攻击导弹、近程弹药等。值得一提的是，这些导弹垂直发射单元都设置在靠近船舷的位置，这种设计方案能大大降低导弹故障或弹药库爆炸对船体的伤害。

此外，DDG－1000型驱逐舰还安装了S波段和X波段的双波段雷达。S波段立体搜索雷达改进了对濒海环境、近距离和远距离隐身目标的探测能力。X波段多功能雷达则用于探测先进反舰巡航导弹等目标。集成配备的双频声呐系统则能在计算机控制下高度自动化地找出水雷与潜艇，然后通过指挥系统调派作战平台实施扫雷和反潜。

值得关注的是，美国海军极有可能为第三艘DDG－1000换装电磁炮。据悉，这种电磁炮由BAE系统公司研发，炮管长12米，内装导轨，由复合材料制成，寿命高达5 000发。其设计射程为370千米，炮弹初速度约为7倍音速，命中目标时的速度仍高达5倍音速，每分钟可发射10枚弹丸。与普通舰炮相比，电磁炮不依靠炸药杀伤目标，而是依靠弹丸动能毁伤目标。据专家估算，1千克TNT炸药爆炸释放的化学能量小于1千克弹丸以5倍音速飞行的动能，因此，电磁炮的威力可达常规弹药的3～4倍。

不合时宜的“尝鲜船”

尽管DDG－1000驱逐舰纸面性能无比强大，可是终究挡不住经济危机的寒风，显得有些不合时宜。据美国《海军时报》披露，按照2010年《四年期国防总检报告》对美国海军军力规模的总体要求，美国现有财力只够支撑海军未来采购88艘主力水面战舰，包括69艘驱逐舰和19艘巡洋舰，外加

66 艘濒海战斗舰，以期达到支持海军长期作战能力，特别是组建 10～11 支航母战斗群的需求。曾长期负责海军事务的美国助理国务卿鲍勃·沃克指出，DDG－1000 并不符合美国海军现阶段的作战需求。美国海军作战部长格林纳特更是明确强调，DDG－1000 暂时不是部队急需，继续采购较便宜且技术成熟的 DDG－51 伯克级驱逐舰，并提升其海基反导能力才是重中之重。

不过，美国海军也并非只是拿 DDG－1000 当“点缀”。多种高精尖技术的“云集荟萃”，使得 DDG－1000 型驱逐舰成了不折不扣的“尝鲜船”。据美国海军官员透露，在 DDG－1000 的设计建造过程中应用了大量新技术，许多未来战舰可能运用的技术都能在该舰上找到，例如，集成动力系统、全电力驱动、隐身舷缘内倾舰体和一体化上层建筑设计、MK57 舷侧垂直发射系统、双波段雷达，以及一系列与网络中心战、隐身、自动控制等方面相关的技术。事实上，DDG－1000 驱逐舰的首要贡献就是利用今天的技术投入，帮助确定未来战舰的能力和特征，为美国海军的发展探路。

"美利坚"号两栖舰

"美利坚"号
两栖攻击舰全面"空优"

文 — 马强军

2014 年 10 月 11 号，美国海军“美利坚”级两栖攻击舰的首舰“美利坚”号在旧金山服役。据美国海军方面介绍，和其他美军两栖攻击舰相比，“美利坚”号是为提高空中作战能力而设计的，它并没有为登陆艇预留船坞甲板，但却拥有更大的甲板面积，可以搭载更多旋翼机和 F－35B 垂直起降战斗机。“美利坚”级两栖攻击舰也因此被外界称为不是航母的航母。

美军两栖攻击舰的沿革

在海军舰艇家族中，两栖攻击舰是比较年轻的成员，它的诞生要从 1948 年美军试验使用直升机辅助登陆说起。20 世纪 50 年代初，美国海军提出“垂直包围”登陆作战理论。该理论要求陆战队员在登陆舰甲板登上直升机，飞越岸防阵地，在敌后降落并投入战斗。两栖攻击舰便是在这种作战思想指导下产生的新舰种。

1955 年，美国海军把二战时期的“西提斯湾”号护航航母改装成两栖攻击舰，以验证和发展“垂直包围”作战理论。之后的 5 年，美国海军先后把 7 艘老式航母改装成两栖攻击舰，并着手设计建造全新的两栖攻击舰。

世界上首款专门设计建造的两栖攻击舰是美国海军的“硫黄岛”级，首舰“硫黄岛”号（LPH－2）于 1959 年 4 月在普吉特湾造船厂动工建造，1961 年 8 月正式服役。美国海军共建造了 7 艘“硫黄岛”级舰。从外形上看，“硫黄岛”级有从舰首至舰尾的飞行甲板，甲板下设有机库，可搭载 12～24 架不同型号的直升机，必要时还可搭载 4 架 AV－8B“鹞”式战斗机。舰载武器包括 2 座“海麻雀”舰空导弹发射架、2 座 76 毫米口径火炮、2 座“密集阵”近防炮、2 座 25 毫米机炮和 8 挺 12.7 毫米口径机枪。该级舰上还有一个设备完善的医院及 300 张病床。“硫黄岛”级开了两栖攻击舰的先河，不过也正因如此，该级舰在设计上还有许多不完善之处，如没有舰内坞舱而不能搭载登陆艇，作战性能较低。

到 20 世纪 60 年代末，美国海军又开始设计建造更先进和更大的“塔拉瓦”级通用两栖攻击舰，它实际是集船坞登陆舰、两栖攻击舰和运输船于一身的大型综合性登陆作战舰只，既有飞行甲板，舰体内又有浸水坞舱和货舱。以往运送一个加强陆战营（包括各种车辆和火炮）进行登陆作战，一般需要船坞登陆舰、两栖攻击舰和两栖运输船等 3～5 艘舰只，而新型通用两栖舰只需 1 艘就可满足需求。

美国海军原计划建造 9 艘“塔拉瓦”级两栖攻击舰，但由于造价太昂贵，再加上其设计仍不能满足多种作战任务，所以缩减为 5 艘。“塔拉瓦”级舰的最大缺憾就是舰内坞舱太小，只能容纳 1 艘气垫登陆艇，大大限制了装载能力。

到了 20 世纪 80 年代中期，美国海军又提出了“超视距”登陆作战的理论。为满足新作战理论的需求，美军以“塔拉瓦”级两栖攻击舰为基础设计建造了“黄蜂”级多用途两栖攻击舰。这是美国海军首次专门为携带新型气垫登陆艇和改进型“鹞”式战斗机而设计的两栖舰。“黄蜂”级在设计上的改进包括：空间利用更趋合理；武器和电子设备更加先进完善；可根据任务搭载不同装备（飞机和登陆艇等）；备有良好齐全的医疗设施，包括 1 个 600 张病床的医院、6 个手术室、1 个 X 射线室、1个血库和多个化验室。

世界最大两栖作战舰艇

“美利坚”号（LHA-6）是美军在“黄蜂”级之后研制的第四型两栖攻击舰，造价 24 亿美元，满载排水量达到 5 万吨，且可搭载固定翼战斗机和各种直升机，堪称“重型航母”。

事实上，两栖攻击舰最初曾被称为航母。美军在 1955 年把“西提斯湾”号护航航母改装成直升机攻击航母（CVHA），其 CVHA-1 的编号就非常明确地表明其航母本质。只是后来为避免与多用途航母（CV 类）相混淆，美军才把改装后的“西提斯湾”号改称两栖攻击舰（LPH），这也是两栖攻击舰名称的由来。

从“硫黄岛”级、“塔拉瓦”级、“黄蜂”级，再到目前的 LHA-6，美军两栖攻击舰的尺寸和吨位越来越大，从最初的 1 万余吨到现在的 5 万吨。姑且不提 5 万吨级的“美利坚”号在计划之初就被美国军事专家称为“航母攻击舰”，就是“塔拉瓦”级和“黄蜂”级两栖舰，由于其飞行甲板够长够结实，舰载“鹞”式战机可滑跑起飞，完全符合航母的定义。

与现役两栖攻击舰相比，“美利坚”号体形更大。公开资料显示，“美利坚”号两栖攻击舰（编号 LHA-6）全长 257.3 米，宽 32.3 米，吃水 9 米，满载排水量达 4.5 万吨，其动力系统采用燃气轮机，最大航速 21～22 节，是美国乃至世界上最大的两栖舰艇，可为 1 100 名舰员及近 1 900 名海军陆战队员提供铺位，能适应多种军事任务。

据报道，“美利坚”号两栖攻击舰是 2014 年 1 月 31 日在船厂完成验收试验。美国海军检查委员会对该舰的所有主要系统进行了测试和评估，包括作战系统、推进、通信、导航、任务系统和航空能力。2014 年 7 月，“美利坚”号离开位于密西西比州的英格尔斯造船厂前往母港圣迭戈基地。由于舰体太大，该舰无法通过巴拿马运河，不得不花数月时间从南美洲绕行。2014 年 10 月，“美利坚”号在旧金山正式服役。美国海军计划分阶段建造 10 艘“美利坚”级两栖攻击舰。

两栖舰价值得到实战检验

在过去的近半个世纪中，美国海军先后研制了 3 个级别的大型两栖攻击舰。美军之所以高度重视各种两栖战舰，主要是缘于战争实践的检验和推动——两栖战舰在多次战争中都扮演了极为重要的角色。有分析人士指出，美国对外用兵，大打有以航母领衔的航母打击群，小打则有以两栖攻击舰领衔的远征打击群。从这个意义上说，航母和两栖攻击舰是美军纵横大洋的“中坚力量”。

在 1991 年的海湾战争中，以美国为首的多国部队在海湾地区集结了 247 艘舰船，其中美军舰船约占 50%，包括 6 艘“硫磺岛”级两栖攻击舰、“拉萨尔”号两栖指挥舰在内的数十艘两栖战舰被部署到波斯湾，它们共运载了 1.8 万名海军陆战队员。根据最初的设想，多国部队会在开战之初进行 1 次代号“沙漠军刀”的大规模作战行动，在科威特附近海岸抢滩登陆。为此，美军集结了 1 支庞大的两栖特遣编队。不过，由于“沙漠风暴”空中作战行动顺利实施，“沙漠军刀”计划最终被取消了。美军的两栖特遣编队只在科威特海岸进行佯攻，并实施了 5 次较小规模的两栖作战。

在 2003 年的“伊拉克自由”行动中，美国海军共出动了 19 艘大型两栖舰，包括 4 艘“黄蜂”级多用途两栖攻击舰、3 艘“塔拉瓦”级通用两栖攻击舰、6 艘“惠德贝岛”级和 2 艘“安克雷奇”级两栖船坞登陆舰，以及两栖指挥舰等，编为 2 个两栖特遣舰队和 3 个两栖戒备大队。战争开始后，这些大型两栖舰不仅承担了物资输送、两栖登陆、海上拦截等作战任务，还多次参与航空防御识别等任务，展示了两栖攻击舰“强大而多样”的实战能力。

实战表明：两栖攻击舰在地区性冲突和局部战争中的作用越来越突出。在这种背景下，美军在 2003 年 8 月对其两栖戒备大队进行了重组，组建远征打击群。远征打击群通常以 1 艘两栖攻击舰为核心，包括 3 艘两栖战舰、1 艘攻击核潜艇、1 艘导弹巡洋舰、1 艘导弹驱逐舰和 1 艘导弹护卫舰，舰队规模较航母打击群小，反应更灵活，部署更容易，且攻防兼备，既能执行两栖突击等传统作战任务，又可执行人道主义援助、非战斗人员撤离等非传统作战任务。

作战能力超越中型航母

从美国军方发布的图片可以看到，“美利坚”级两栖舰的外部结构与“黄蜂”级两栖舰基本相同，主要变化是采用了更长、更宽的甲板，取消了搭载登陆艇的坞舱，以便容纳更多、更大的舰载机。“美利坚”号的舰载武器包括“拉姆”防空导弹及“密集阵”近防炮，但其攻击力主要体现在它所搭载的飞机上。“美利坚”级的甲板上有 6 个起降点，其中 4 个可以起降 V-22 倾转旋翼机。

根据设计要求，“美利坚”号两栖舰可搭载 12 架 V-22 倾转旋翼飞机、8 架 AH-1 攻击直升机、10 架 F-35B 战斗机、4 架 CH-53K 重型直升机和 4 架 CH-60 直升机等，实际的舰载机种类和数量可根据任务需要进行调整。另据相关资料，“美利坚”级常规的飞机搭载方案是：6～10 架 F-35B、12 架 MV-22、4 架 CH-53K 重型运输直升机、8 架 AH-1Z 以及 2 架 MH-60 特战直升机，数量接近 40 架。如果是制海作战模式，则全部搭载 F-35B 战斗机（约 25 架），这个数量与一般的中型航母大致相同。

在上述舰载飞机中，F-35B 战斗机和 V-22 倾转旋翼飞机最引人关注。其中 F-35B 可以执行近距空对地支援、滩头支援和战场攻击任务，而 V-22 则是登陆作战运输机，可运载 24 名全副武装的士兵或 12 副担架及医务人员，也可在机内装 9 072 千克和外挂 6 804 千克货物。考虑到 F-35B 拥有隐身能力，配备先进航空电子设备及机载武器，其空战及对地攻击效能远高于目前各国普遍装备的第三代作战飞机，“美利坚”号的作战能力超过其他国家的航空母舰。

“美利坚”级两栖攻击舰的出现让美国海军两栖打击群的打击能力进一步增强，依靠舰载 F-35B 组成的战机联队，完全可以压制一般国家的空军，特别是它的隐身能力，结合两栖攻击舰的机动性能，可以在需要的时候对他国境内的目标发动偷袭。

“欧洲野牛”气垫艇

“欧洲野牛”：
世界最大军用气垫艇

文｜王平

在现代海军装备中，军用气垫船是一种很特别的作战舰艇。由于与其他排水型船舶相比具有腾空运行的特点，自问世之初就备受各国军方关注。当今世界上最大的军用气垫登陆艇是满载排水量达 555 吨的“欧洲野牛”级大型气垫登陆艇，主要用于运送战斗装备和海军登陆部队，可在未构筑工事的岸边登陆，为登陆部队提供火力支持，同时还可运送和布设水雷。

世界最大军用气垫登陆艇

气垫船的工作原理是利用大功率风扇向船体底部快速压入大量空气，使船体底部与水面之间形成压力很大的气团，将船体托离水面，减小了水的阻力，使船可以高速行驶。

“欧洲野牛”级大型气垫登陆艇是由俄罗斯圣彼得堡“金刚石”中央船舶设计局设计的一款军用气垫登陆艇，最早于 1986 年服役。“欧洲野牛”（1232.2 型）气垫登陆艇标准排水量 480 吨，满载排水量 555 吨，船体长约 57.6 米，宽约 25.6 米，高约 22 米，船体由高强度耐腐蚀铝镁合金整体焊接而成，气垫护栏分两层，按照纵横垂直安定面十字形进行隔舱化处理，4 台工作轮轴直径达 2.5 米的 HO－10 型增压机组、可弯曲气垫输气器及挂件能把船体提升到需要的高度。上部结构由两个纵隔板分成 3 个功能舱容，中部为登陆装备舱，设有坦克、战车专用的滚道和进出斜坡。

为了让这样的庞然大物腾空运行，“欧洲野牛”级气垫登陆艇安装了 5 台 NK－12MV 燃气轮机，单机功率 11 836 马力，其中 2 台用于形成气垫，3 台用于推动前进。在 5.8 万马力的动力系统作用下，“欧洲野牛”的最大航速达 63 节，巡航速度 55 节，航程可达 300 海里，能在浪高 2 米、风速 12 米 / 秒的海况下平稳行驶，可突破 1.6 米高的墙形水障。

“欧洲野牛”气垫登陆艇最大的特点是配备了强大的自卫武装。艇上装配有 2 门六管 30 毫米口径的 AK－630 火炮（弹药基数 3 000 发）、8 套“针叶－1M”或“箭－3M”防空导弹系统（4 联装发射装置，弹药基数 32 枚）、2 套 22 管 MC－227 型 140 毫米口径非制导弹药发射装置（弹药基数 132 发）、20～80 枚水雷（数量视水雷型号而定）。

“欧洲野牛”气垫登陆艇舰载 P－784 通信设备系统由中波、短波、超短波收发机、超速传输设备、自动化指挥控制系统、航行警告系统服务接收机构成，导航设备主要包括两套环视警戒雷达、磁回转罗盘、卫星导航设备、气象导航设备、接收指示系统、陀螺稳定系统、无线电定向仪、目视和夜视瞄准器等，另外还装配有现代化无线电电子对抗设备。

“欧洲野牛”三项主要特点

作为当今世界上最大的气垫登陆艇，“欧洲野牛”具有运载能力强，火力猛和登陆适应性好三大“最牛”特点。

■ 运载能力强。“欧洲野牛”气垫登陆艇可运送 3 辆 T-80 型主战坦克（重约 150 吨）或 10 辆 BTR-70 型装甲运输车（重约 131 吨）或 8 辆 BMP-2 型步兵战车（重约 115 吨），船上设有 4 个登陆舱室，共计 140 个座位，必要时可在运送装备的舱室安装座椅，再额外安置 360 人。

■ 强大的武装登陆艇。“欧洲野牛”配备的 AK-630 火炮系统射速极高，在 3 千米内的大部分小型舰艇无法抵御它的猛烈扫射。艇艏火箭炮的射程虽不如同时期的 BM2 型多管火箭炮，但弹丸重量大，对地面目标的毁伤效果好，且打击精度也很高。当作为布雷艇使用时，“欧洲野牛”一次可以携带、布设 20～80 枚水雷。除传统水雷外，“欧洲野牛”上的多管火箭炮也可作为火箭布雷装置使用，它抛射的小型地雷打在近岸水中，就可直接作为小型水雷使用。

■ 登陆适应性好。与传统登陆艇不同，气垫登陆艇能轻易越过浅滩和礁石，在全世界 70% 的岸滩上登陆。“欧洲野牛”可以直接上岸后再对运送的陆战人员和装备进行卸载，快速展开突击作战行动。登陆队员和艇员的生活设施舱内还配备了通风系统、空调、供暖系统、声热绝缘层、减震材料结构、生命救护保障系统、大规模杀伤防护设备等。

现代气垫船四种军事用途

气垫船具有许多优良特性，但也存在一些不足，主要是航程较短、耗油较大、维护较为困难，使用费用也较高。从目前来看，其在军事上应用的主要用途包括：

一是输送登陆部队。气垫船航速快且具有两栖行驶能力，既能在离水面一定高度航行，也可以在海滩、泥淖、沼泽、水网稻田、冰雪地等较平坦的地形上运行，并能在一定的航速下穿越相当于气垫船“围裙”高度70%左右的障碍，跨越相当于艇体1/2宽度的壕沟，能适应大多数海岸带环境。另外，基本排除了涨潮和落潮对登陆行动的影响，使登陆时机的选择更加灵活。

二是用于扫雷破障。气垫船能大部分或全部离水运行，其船体磁场、压力场等特征均不明显，水中的障碍物一般对其无作用或作用较小，水中的爆炸物也不易被引爆。即使在气垫船附近的水里有水雷爆炸，经过“气垫”缓冲，其冲击波对气垫船的破坏程度远比排水型舰船小。利用这一点可以将气垫船作为扫雷平台，搭载扫雷具进行扫雷作业。

三是作为反舰、反潜、火力支援等武器平台。气垫船的船身相对较低，因此隐蔽性较好。采用气垫船搭载反舰导弹进行反舰作战，往往可以取得突袭的效果。有军事专家认为，装载反舰导弹的小型气垫船的反舰能力，甚至可以与排水量2 000—3 000吨级的导弹护卫舰相媲美。由于气垫船脱离水面航行，水中的噪声较小，不易被潜艇发现，是很好的反潜平台。另外，吨位比较大的气垫船也可以作为快速机动的火力支援平台，执行对陆和对海的火力支援任务。

四是物资运输、补给、救生等其他用途。气垫船的航行速度快，在一些场合下是运输物资等后勤补给的很好方式。另外在搜索、营救海上伤员等方面也有较大的优势：一方面搜救速度快，可以在较短时间内搜索较大范围；另一方面，气垫船可以直接停在海面，比直升机悬停工作容易，且受环境干扰小，可适应较复杂的海况。

SMX22

小潜艇重出江湖：多国研制近海潜艇

文 — 刘江平

自从第一艘机械动力潜艇“霍兰-1”号于1875年研制成功后，潜艇逐渐成为各国海军的重要作战力量。在远洋作战需求的推动下，潜艇的体积越来越大。但是，随着二战结束，大洋作战渐渐远去，离岸500海里范围内的近海水域逐渐成为水下战的主要区域。小型潜艇再次受到各国海军青睐。一些主要潜艇设计公司正在开发紧凑型、高自动化的新型近海潜艇。

法国：SMX-22和SMX-23

针对某些国家改进或建造潜艇部队的愿望，法国DC-NS船舶制造集团提出了两种全新的低成本近海潜艇方案——SMX－22 和 SMX－23。

■ SMX－22 型近海潜艇

SMX－22 型近海潜艇其实包含 3 艘子母潜艇：1 艘排水量 2 750 吨的母潜艇和 2 艘排水量 480 吨的子潜艇。

母潜艇采用双层壳体结构，外壳直径 8 米，长 84.3 米，最大宽度 8 米，下潜深度超过 250 米，水下航速大于 17 节，艇员 25 名，其作用是将子潜艇运送到作战海区，并向子潜艇下达作战计划和分派作战任务，通过信息网络指挥作战行动。此外，它还承担着向沿海目标发射巡航导弹、向敌方舰船和潜艇发射鱼雷和导弹等任务。

排水量 480 吨的子潜艇是在近海浅水地区活动的主要力量。它们也采用双层壳体结构，外壳直径 5.3 米，长 36 米，下潜深度可超过 250 米，水下航速不低于 17 节，配备 10 名艇员，水下自主巡航时间为 25 天，可持续作战 1～2 天。可执行侦察、探测水雷、布雷、在浅水地区使用鱼雷和导弹攻击敌人和支援蛙人作战等任务。

■ SMX－23 型近海潜艇

在 2006 年的“欧洲海军技术装备展”上，DCNS 首次公开展示 SMX－23 型近海潜艇的设计方案。发言人表示，SMX－23 型潜艇利用了已在“鲉鱼”级潜艇上使用的七成技术和系统，通过控制最大航程和下潜深度，使造价降低到“鲉鱼”级的一半，追求的是“最佳性价比”。

SMX－23 潜艇长 48.8 米，水面排水量 855 吨，采用双层艇壳设计，下潜深度 200 米，以 4 节速度航行时能在水下持续停留 60 小时。其在水面以最大航速 8 节航行时，续航力可达到 1 850 海里。SMX－23 的额定艇员为 19 人，还可搭载 2 名教练。该艇设计自持力为 15 天，每年可以运行 280 天，使用寿命长达 35 年，大修间隔为 96 个月。

SMX23

SMX－23 在浅海中具有精确导航能力，能停留在海床上实施监视任务，也很适合特种部队作战、情报搜集和布雷，其集成的导航系统包括了惯性导航、GPS、罗盘、精确的时间与频率测量仪和一个电子绘图与显示信息系统。

德国：210 型概念潜艇

德国蒂森克虏伯海事系统公司（TKM）S 同样认为市场上缺少一种通用的多功能紧凑型潜艇。该公司的应对方法就是利用 209 型、212A 型、214 型潜艇上成熟的系统和技术，设计排水量在 1 000 吨左右的 210 型潜艇。

210 型潜艇采用单壳体单舱设计，长 56 米，水下排水量 1 000 吨，耐压艇体直径 5.3 米，下潜深度可达 250 米，采用 X 型舵增强机动性。这种小潜艇配有 8 具 533 毫米口径的鱼雷发射管，可以发射重型鱼雷、反舰导弹或水雷，艇上还有空间用于放置 6 枚备用弹。艇上人员配置有 2 种方案：2 班轮值需要 15 名艇员；3 班轮值需要 21 名艇员。

210 型潜艇采用低转速、低噪音的西门子 PERMASYN 主推进电机，并设有 2 个电池舱，分别位于艇首和艇尾，每个电池舱内都包括 216 个电池单元。TKMS 声称现有的铅酸电池技术可以获得较高的水下航行速度。满足现有潜艇任务条件下，其电池容量最多能确保以 4 节速度航行时续航力达到 4 000 海里。

210 型艇还特别强调了指挥台围壳的设计，具备了 212A 型较低的围壳舵和“乌拉”级平台较好的水动力性能。综合以上特点，指挥台围壳上安装了 4 根可升降的桅杆：一根通气管桅杆（在给电池充电时，它为柴油发电机工作提供空气）、一根导航用雷达桅杆、一根通信桅杆和一个潜望镜。

除了潜望镜外，所有桅杆都是非穿透型的。实际上，设计方案中所预留的安装空间和潜艇负重能力可以再集成 3 个额外的桅杆，TKMS 的建议是：再分别安装 1 根 ESM、1 根 EO 传感器和 1 个 UHF 卫星通信天线。指挥台围壳中的进出通道内还包括了一个可容纳 2 人的密闭舱室。

俄罗斯：“阿穆尔”系列潜艇

俄罗斯红宝石中央设计局开发了较小排水量的近海潜艇“阿穆尔”550 型和

"阿穆尔"750型，它们是以"阿穆尔"1650型（677号工程）常规动力潜艇为基础设计建造的。

该系列艇采用双层壳体结构，艇体外表面无明显突出体。非耐压壳体上的流水孔由"基洛"级的长孔变为缝隙，进一步减小了水流阻力。前水平舵也由"基洛"级的上甲板上移到了指挥台围壳上，尾部采用十字型操纵面，并设有救生通信浮标。由于采用新型计算机，该型艇的自动化程度有所提高，火控系统能同时解算和攻击2个目标，从目标识别到发动攻击只需15秒。据称，与"基洛"级常规潜艇相比，该级艇的作战性能提高了2～3倍。

另外，俄罗斯孔雀石潜艇设计局也已开发出许多小型潜艇，包括P-130、P-170、"剪刀鱼-T""剪刀鱼-2"、P-550、P-650E、P-750等级别及它们的改进型。这些潜艇的排水量在130—1 000吨之间，能下潜200～300米。它们的巡航距离在2 000～4 500海里之间，自持力在20～30天之间。尽管这些潜艇的体形相对较小，它们却可携带多种武器，包括鱼雷和水雷，同时较大一点的P-550、P-650E和P-750还可以携带巡航导弹。

以标准排水量为950吨（加上AIP装置模块后为1 000吨）的P-750级潜艇为例，该型艇长68.4米，水下航速16节，水下持续航行距离1 200海里，下潜深度300米，自持力30天，艇员9名再加6名作战蛙人。武器包括4具口径533毫米的鱼雷发射管，不仅能发射鱼雷也能发射巡航导弹。该级艇还拥有8具口径400毫米的反潜鱼雷管，也能利用舷外装置携带24枚水雷。此外，该级艇上还能安装4具巡航导弹垂直发射管，内装"俱乐部-S"系统的3M-14E导弹，用来打击300千米范围内的近岸目标。

俄意联合：S1000型潜艇

由意大利造船金融集团、俄罗斯鲁宾海洋工程中央设计局共同研发的S1000型潜艇堪称是第三代近海潜艇。S1000在设计时针对的首要任务是在浅水区域执行反潜战、特种战、秘密监视、情报收集和侦察，其他任务还包括反舰战、打击陆地目标、布雷和支援海上空战等。

该型艇采用单壳体单舱室设计，长56.2米，耐压艇体直径为5.5米，排水量约1 000吨，最大下潜深度250米，艇员约16人，采用7叶低噪声螺旋桨、

X 型控制面和水平舵，巡逻续航力 10 天左右。其动力系统包括 2 台 650 千瓦的柴油发电机（各配备 112 个铅酸蓄电池单元），以及 1 个 200 千瓦的燃料电池。

S1000

艇首装有 6 具口径 533 毫米的鱼雷管，其后为武器舱，可以储存 8 枚重型鱼雷、反舰导弹或远程攻击导弹，艇尾下部安装有一个 C303 鱼雷对抗装置。S1000 潜艇还可根据需要配备防空武器，用于打击反潜直升机和海上巡逻机。

该型潜艇配备的声纳组包括一个正形矩阵声纳、一个拦截阵、一个水雷 / 障碍物避碰声纳和一套自噪声监测系统。在雷达和传感器方面，S1000 安装有一根非穿透式光电桅杆（包括电视、红外和激光测距传感器和雷达报警器）、雷达波 ESM（在专用桅杆上）和一个 I（X）波段导航雷达。在通信系统方面，该艇上安装了 2 根通信桅杆，一根用于为 VHF、UHF、GPS 和 INMARSAT－C 提供天线功能，上面还装有一根 HF 鞭状天线；另一根用于安装 HF、VHF 和 UHF 等频段的卫星通信天线。

A26 型柴电动力潜艇

独具特色的 A26 型
柴电动力潜艇

文 | 寒梅

多年来，瑞典研制的常规动力潜艇在国际军用舰艇市场上独树一帜。2010年2月25日，瑞典海军的首席承包商考库姆船厂与瑞典政府国防物资局签署A26型潜艇设计合同。同年4月11日，瑞典海军宣布采购2艘A26型潜艇，首艇2013年开建，2017年下水，2018年服役，2号艇2019年服役。

采用最新设计技术

A26型潜艇是瑞海军现役最新型“哥得兰”级潜艇的改进升级版，单艇造价约2.4亿美元，采用瑞典最新潜艇设计建造技术，使潜艇静音和隐身性能大大提升。

该型艇长63米，宽6.4米，吃水6米，水面航行速度超过10节，以电池模式潜航时速度超过20节，以AIP模式潜航时航速5节，航程1 000海里，水面排水量1 700吨，水下排水量1 900吨，艇员编制17～26人。采用X型艉舵，四个舵面均有垂直舵和水平舵的双重功能，且每个舵面都可以独立控制，大大提升潜艇机动性能。

潜艇航行三种模式

A26型潜艇安装3台柴油发动机，单台输出功率500千瓦，以及1台最新型的“斯特灵-MK”不依赖空气推进系统（AIP推进系统，内置3台MK-Ⅲ型发动机，单台输出功率65千瓦）。据介绍，该型潜艇航行有三种模式：水面航行（柴油机驱动）；水下航行（柴电联合驱动）；战时航行（AIP模式驱动）。其中的AIP模式可以大大降低噪音，增强隐身性能，提升潜艇生存能力。

多样化的武器系统

A26型潜艇通常装备4具533毫米口径鱼雷发射管，旁边还有1具直径1.6米的“超级发射管”。其中，533毫米口径鱼雷发射管，主要发射62型鱼雷（长5.99米，重1 400千克，装备1部泵喷推进系统，最大航速超过40节），还可发射潜射反舰导弹。

该型艇的“超级发射管”其实是一个“对海投送界面”，可以投送潜水员、特种部队人员和自动无人潜航器。其中，自动无人潜航器贮存在艇艏伸缩舱内，可执行水下侦察、水雷探测、潜艇跟踪与攻击等任务。

A26型潜艇除了将装备瑞典海军，考库姆船厂还宣称该型艇可以按照国际用户的作战需求进行改装，执行远洋作战任务。2010年底，挪威海军对该型艇表现出浓厚的兴趣，有意用它取代“乌拉”级潜艇。新加坡海军等传统瑞典潜艇的用户也很可能采购该型潜艇。